■ 攀枝花市哲学社会科学规划2017年度项目
《城市转型发展背景下的攀枝花工业废弃（闲置）地景观更新设计研究》
（编号2017021）结题成果

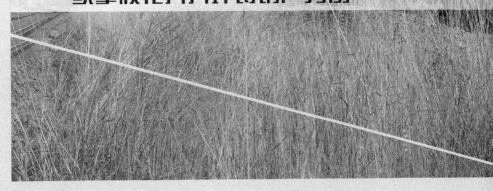

资源型城市工业废弃地更新设计研究
——以攀枝花弄弄坪铸钢厂为例

姜龙 著

U0206559

西南交通大学出版社
·成都·

图书在版编目（CIP）数据

资源型城市工业废弃地更新设计研究：以攀枝花弄弄坪铸钢厂为例／姜龙著. —成都：西南交通大学出版社，2018.11

ISBN 978-7-5643-6617-9

Ⅰ. ①资… Ⅱ. ①姜… Ⅲ. ①城市规划－建筑设计－研究②城市景观－景观设计－研究 Ⅳ. ①TU984

中国版本图书馆 CIP 数据核字（2018）第 266990 号

| 资源型城市工业废弃地更新设计研究
——以攀枝花弄弄坪铸钢厂为例 | 姜 龙 著 | 责任编辑 杨 勇
助理编辑 王同晓
封面设计 杨 柳 |

印张 6.75　字数 77千

成品尺寸　150 mm×220 mm

版次　2018年11月第1版

印次　2018年11月第1次

印刷　四川煤田地质制图印刷厂

书号　ISBN 978-7-5643-6617-9

出版发行　西南交通大学出版社

网址　http://www.xnjdcbs.com

地址　四川省成都市二环路北一段111号
　　　西南交通大学创新大厦21楼

邮政编码　610031

发行部电话　028-87600564　028-87600533

定价　48.00元

前　言

我国资源型城市面临着严峻的、迫切的城市转型压力，如何利用工业废弃地成功地转型是本文探索的重点，也是其现实意义所在。本书通过结合攀枝花弄弄坪铸钢厂工业废弃地景观更新设计项目，以本项目设计区域为研究对象，对其景观更新设计（包括研究背景、构思体系、总体布局、交通规划、植物规划、具体景观节点设计等）进行了研究，整个研究区域总面积为占地面积约 55 620 m^2。

本书在查阅景观生态学、生态恢复学、风景园林学、景观规划学、美学等多学科理论及相关学科领域的国内外文献的基础上，通过文献查阅法、调研法、访谈法和逻辑分析法、比较法对攀枝花弄弄坪铸钢厂工业废弃地进行了系统的整合和更新设计，并对各种理论和设计点进行了实践。

本书根据前期文献资料和对攀枝花铸钢厂的实地调研。根据铸钢厂周边人群关系及现状的基本情况得出五区域、多节点的综合性景观结构。同时总结出适用于工业废弃地改造的多种功能、多种形式综合统一的实践方法。最终将工业废弃地改造成适于体现城市文化和城市记忆的综合性园区景观。希望这个研究能为今后城市工业废弃地景观更新改造的研究和实践提供一些参考和借鉴。

本书感谢西南林业大学宋钰红教授的建议与帮助。感谢攀枝花学院艺术学院本人所指导的学生们，是他们给予的大力支持，特别是在设计素材与设计案例方面。在此表示深深的谢意。

姜　龙

2018 年 11 月

目　录

1 绪 论

有人认为，工业化是经济增长的基础，工业技术的发展以及更进一步的工业哲学知识体系的建立是人类社会进步的先决条件。20 世纪 70 年代第一次石油危机爆发，使得这一信念产生动摇，随后到了 20 世纪 90 年代，人类更是进入了一个被迅速成长的信息社会、国际交流和全球经济深深影响的新纪元，可持续发展随着全球性的环境持续恶化而逐渐成为人类看待世界的基本共识。

从当前的发展趋势看，21 世纪初的世界正在"从工业化时代走向信息时代，从工业社会走向后工业社会，从城市化走向城市世纪"。这样的时代背景直接引发了后工业社会正在迅速崛起，而工业社会则日益衰退，逐渐退去了昨日辉煌。出现了一些学者所描述的"逆工业化"（Deindustrialization）现象：第一，第三产业逐渐代替了第二产业在产业结构中的主导地位，导致了许多传统工业基地的结构性衰退；第二，进入信息社会，全球经济日趋一体化，新的生产、通信、运输技术和方式的出现，使原有用地的功能布局、区位情况、基础设施不能满足新的要求，导致功能性衰退[1]；第三，城市化的蔓延造成内城经济的严重萎缩，被割裂于城市中心地带的产业类用地被闲置废弃，由于土地区位级差和整治环境污染两方面的因素导致城市产业空间布局的综合性调整需求[2]。

随着西方发达国家传统制造业的衰落，发展中国家的传统产业从城市中向外迁移[3-4]，大量的工业废弃地遗留在城市中，带来一系列的

1

环境和社会问题。上述因素促使城市调整结构和布局以及提升城市功能质量的需求，大量的城市旧地段面临更新改造，而其主要对象是那些废弃的工业用地。人类将通过怎样的方式和方法对这些曾经的工业文明进行再利用，并对有着不同程度的污染问题的工业废弃地实现生态恢复、功能置换，谋求科学的、最佳的解决方法[5, 6]，成为后工业社会土地再生研究的现实性课题，该课题已引起了各方面的关注。

当前，我国正处在城市化进程加剧的阶段，城市建设飞速发展。面对全球经济的一体化进程和综合竞争的挑战，各大城市都在积极进行产业结构的调整和用地布局的优化，以改善城市综合环境，大量的工业废弃地便在这个过程中产生了。我国吉林辽源、黑龙江伊春、山西大同、河南焦作等 118 个资源型城市面临着城市转型压力。国内工业废弃地和城市工业地段的景观更新实践从 20 世纪 90 年代开始出现。如何借鉴并利用西方发达国家城市工业废弃地景观更新的思想方法，解决中国此方面的具体问题，已成为一个迫在眉睫的研究课题[7, 8]。

1.1　研究背景

在城市的发展历史中，工业空间和设施具有功不可没的历史地位，它们通常见证了一个城市和地区的经济发展和历史进程。近半个世纪来，西方发达国家对废弃的工业用地的再利用越来越重视，影响范围波及全球[9, 11]。事实上，这些遗留的工业景观不仅有其珍贵的历史价值，而且还具有显著的改造再利用的现实价值。工业废弃用地的"保护性改造再利用"也给我们提供了具有文化、经济和生态价值的思路[1]。

城市工业废弃地采用景观更新的方式进行改造，将为因城市发展带来的社会与环境问题寻找到一条新的途径。这种更新带来了新鲜的空气、洁净的水源和友好的环境空间，为人们提供良好的工作、休憩、娱乐场所。对其中的部分工厂遗址的更新利用一方面承袭了历史上工业文明曾经的辉煌，另一方面又将工业遗迹融入到现代城市生活之中[12]。为城市居民提供了了解城市的窗口，揭示了城市发展中深刻的历史内涵，工业用地隔断的城市区域被这种改造联系起来，满足人们对绿色的需求，完善城市生态系统的功能[13]。随着和城市工业废弃地的景观更新与生态恢复实践，逐渐形成了相对特殊的后工业景观。

基于废弃工业场地的负面效应，近三十年来，西方发达国家对工业废弃地的改造也越来越重视，经过几十年的不断研究和实践，取得了大量的理论成果，同时不断有成功改造的实例出现[14]。

但是，尽管国外相关的研究成果对工业废弃地的综合利用和保护进行了多角度多层次的分析与实践，但研究的重点多在工业遗产评估和认定，工业遗产保护模式，工业建筑改造方式等，缺乏系统的针对工业废弃地的景观学研究。虽然工业废弃地改造利用的成功实例很多，但是从景观更新的角度探讨对工业废弃地的开发和保护的研究相对较少。

1.2 研究目的

通过此次研究，找出铸钢厂废弃地存在的问题，并提出合理可行的发展对策及规划方案。进而提升攀枝花市工业废弃地的景观效应，提高铸钢厂废弃地的社会效益，扩大其社会影响力，让弄弄坪铸钢厂废弃地发挥其应有的生态和社会功能。此次的研究结果也可为政府的决策提供参考和技术支持，并为攀枝花同类型工业废弃闲置地景观发展提供参考借鉴。另外，在理论研究方面，进一步研究人对工业废弃地的心理需求以及工业废弃地的立体化设计和生态效应，结合弄弄沟铸钢厂这一具体的案例，为今后同类型工业景观的规划及研究提供参考借鉴。

分析中国的现状，根据我国特殊国情和本土文化特色，找寻一条适合我国的城市后工业景观更新的发展道路，并在此基础上构建出我国后工业景观的设计框架。最后，通过理论与实践的不断探讨，构建出真正适宜大众的健康的、生态的、环境优美的、可持续的后工业景观。

1.3　研究意义

研究的理论意义：城市后工业综合园区作为后工业景观的一个重要组成部分，国内现阶段对此方面进行系统、完善的研究极少，大部分的研究仍然依赖对国外同类公园的介绍以及单纯的对相关理论的介绍，极其缺乏适合自身的系统的和针对性的专业理论指导。因此，本项目的研究有助于我国后工业综合性园区景观设计理论的完善，同时也将丰富其相关领域的理论研究。

研究的实践意义：通过对攀枝花弄弄坪铸钢厂工业废弃地景观更新设计可以大大改善攀枝花工业废弃地的生态环境，同时也能丰富休闲商业综合项目，营造多元化的商业景观，为城市居民工作、外出游玩、陶冶情操提供良好的工作与休闲场所。对这一领域进行研究，对于治理城市工业废弃地的污染，恢复退化的生态景观具有现实意义；对于我们传承工业文明，塑造富有特色的城市工业文化具有重要意义；对于我们"二次利用"城市工业遗址，开发工业景观经济具有重要意义；对于我们如何处理工业污染问题、生态问题、以及景观改造问题，从而满足人们日益增长的精神与物质需求都具有重要意义[15, 16]。

随着我国城市经济水平的提升、土地的增值、人们对美好环境的追求和对城市历史文化遗产的留念，我们将不断面临此类问题。因此，该课题具有普遍的指导意义和现实意义，也是对城市转型和可持续发展做出的尝试。

本课题从攀枝花弄弄坪铸钢厂废弃地更新设计入手，通过对厂区改造过程的研究，提出基于现代景观规划理论的合理的废弃地的景观更新模式。

工业废弃地景观更新是"变废为宝"的一种方式，工业废弃地景观更新的意义主要体现在以下几个方面。

1.3.1　恢复生态的意义

冶金、化工等工业生产会对城市环境造成严重的污染，破坏城市环境，即便工业生产停止后，对周边环境造成的污染与破坏也不会在短时间内消失，并随着气候变化长期影响环境[17]。通过对工业废弃地景观的更新，因势利导地在工业废弃地种植能吸收降解有毒、有害物质的植物群落，恢复或重构工业废弃地的生态系统，可以达到消除污染并提高工业废弃地土壤、水体的质量的目的[18]。这样也能改善城市生态环境，为以后的城市建设提供良好的环境基础。

1.3.2　教育启智的意义

景观更新为人们提供观察工业废弃地的新视角，让人们了解大工业化生产的流程，辩证地看待工业生产给人类带来的发展和对自然环境的破坏[19]。不仅如此，工业废弃地景观更新保留了工业痕迹和场地自然的状态,使人们不但可以理解过度工业生产对环境造成的严重破坏,而且能够启迪人们的环境保护意识,所以针对工业废弃地的景观更新已是重要的教育、启智平台[20, 22]。目前国内大众尚未真正全面的认识到工业废弃地,因此可以通过对工业废弃的景观更新,梳理产业发展的历史文脉,让人们重新认识工业的内容和价值,从而达到发扬工业文化,激发民众环保意识的目的。

1.3.3 美化城市景观的意义

我国城市化进程中面临的两大挑战即城市公共绿地的减少和城市特色的丧失。城市中的工业废弃地渐渐成为城市比较特殊的景观资源,对其进行合理的综合利用,不但能够增加特色鲜明的城市景观,提升城市形象,而且能为人们提供工作、休憩、娱乐的场所,满足人们城市生活的需求[23, 25]。事实上,工业废弃地的景观更新是改变现有城市环境的有效途径。在缺乏城市公共空间又拥有大量工业废弃地的攀枝花,通过对工业废弃地的景观更新可以为人们提供更多的公共活动空间,提升攀枝花的城市形象,塑造攀枝花与众不同的城市个性。

1.4 研究内容

在本项目的研究内容主要为对攀枝花弄弄坪铸钢厂工业废弃地进行景观更新设计。具体内容如下:

(1)铸钢厂工业废弃地更新总体规划。重点从项目的新功能的规划考虑,包括规划后的园区内部各区域功能的分区,道路系统的规划设计。

(2)项目更新改造过程中相关旧建筑的改造与更新设计。

（3）对本项目更新中相关的局部景观改造设计以及相关的景观小品的设计，并将相关的地方文化、工业文化元素融入到景观设计之中。

（4）对本项目更新设计中原有地形、土地、水体以及植被进行综合性恢复与更新设计。

1.5　研究方法

运用文献查阅法收集相关的理论、方法和技术体系；运用现场踏勘法对弄弄坪铸钢厂地块的现状进行全面科学的分析；运用访谈法对弄弄坪铸钢厂地块的潜在和现实使用者进行调查；运用对比分析法，将弄弄坪铸钢厂地块与周边相似类型景区中进行对比分析，以期走出形象遮蔽，实现形象叠加。围绕分析问题，展开讨论，逐步深入展开与相关学科的结合，针对问题进行不同层面的相关研究。引用他人的研究成果或直接调研，结合案例，避免主观臆断。

通过分析，了解我国对工业废弃或闲置地建设采取的措施，对照所学习的理论进行分析和总结。对工业废弃地景观更新开发的前期策划及规划设计的原则、设计元素等相关的内容进行全面的和多层次剖析。理论联系实际，结合攀枝花弄弄坪铸钢厂工业废弃地开发进行研究。

1.6　技术路线

攀枝花弄弄坪铸钢厂工业废弃地景观更新包含多个方面的内容，本研究选择了工业建筑与设施功能改造、植被的恢复与更新设计、工业文化与地方文化融入、场地生态系统的恢复、合理的改造技术等五

个方面来做景观设计分析，并进行相关综合评价，如图1-1。本研究将
为工业废弃地景观更新设计分析提供多角度的参考。

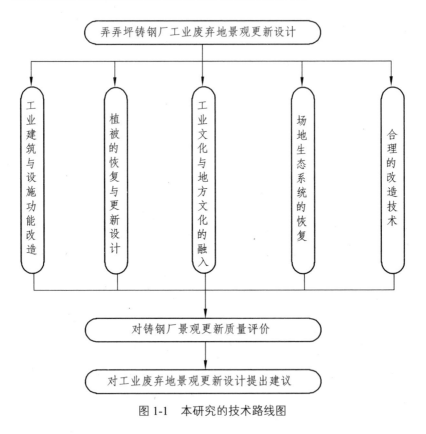

图 1-1　本研究的技术路线图

2 相关概念与理论

2.1 有关概念的界定

2.1.1 工业废弃地的概念

本书所研究的对象——工业废弃地。工业废弃地指曾经用于工业生产及其相关用途,而现在已经不再作为工业用途的场地,主要包括工业采掘场地、工业制造场地、交通运输设施、工业或者商用仓储设施以及工业废弃物的处理场地及设施[26, 29]。在城市的发展历程中,这些工业废弃地具有重要的历史地位,它们通常见证了一个城市和地区的经济发展和历史进程。

产生废弃地的主要原因包括能源和资源开采枯竭、城市和工业的发展转型以及人类废弃物的处置不当等,可以说废弃地是人类文明发展的伴生物,是人类活动强度超过自然恢复能力的结果[2]。

2.1.2 工业废弃地的特征

工业生产过程使工业废弃地受到严重的影响,并遗留下大量工业设施,自然地形地貌的改变,土壤水体的污染和工业废弃物。总体而言,工业废弃场地具有以下三方面特征。

一是生态特征。所有工业废弃地都会对生态环境造成了程度不同的破坏,改变了原有的生态环境。自然的进程由于人为的因素而发生重大的改变[30, 31]。可以这样理解，工业废弃是人类大规模的改造利用自然的方式的集中体现，工业生产形成的废弃物残留在当地环境中。场地中的土壤、水体和空气都不同程度的受到污染，自然植被减少和退化。

二是景观特征。工业生产的历史给废弃地留下了大量遗迹具有视觉景观特征。主要为场地遗留下来的工业构筑物和设施，如厂房、仓库、车间，以及废置的机械网架、人工砌筑、人工水池、平整的场地、削切的山体，所有为了工业生产用途而人工改变的自然痕迹。

三是文化特征。人类改造自然的力量集中体现在工业生产上。虽然生态环境在人类早期工业化阶段遭到严重破坏，但是人类技术进步的历程、工业文明的脚步也正是被工业历史本身所记载。虽然现在我们怀着贬斥的态度用生态环保的眼光去审视工业化时期忽视生态平衡，片面追求经济效益的生产方式，但是人类现代文明仍然工业化进程的产物，今天的文明正是建立在工业化的基础之上。因此，工业废弃地具有特殊的文化价值。

2.1.3　更新设计

综上所述，本书对"更新设计"有如下定义：

更新设计是指在城市规划设计、建筑设计和景观设计领域内，在不同时期，根据城市可持续发展的需求以设计作为主要手段，对城市整体或局部的现有建筑、空间、环境等进行合理的调整或改变，包括整体改变现状，局部合理调整及对有价值区域的维护。

这里的更新"既不是大规模的拆建，也不是单纯的保护，而是对城市发展的一种历时性的引导"，是一个不停的新陈代谢的过程[2]。

2.2 国内外工业废弃地景观改造与更新设计实例分析

2.2.1 国外发展情况与实例分析

20 世纪 70 年代，人们在经历了现代主义初期对环境和历史的忽略之后，对自身的生存环境和人类文化价值的危机感日益加重，随着传统价值观的社会化回归，普遍地意识到了环境保护和历史保护的意义和价值。随着传统工业的衰落，环境意识的加强和环保运动的兴起，更新与改造工业废弃地的项目日渐增多。科学技术的不断发展，生态和生物技术的成果，也为工业废弃地的改造提供了技术保证。麦克哈格的生态主义思想是整个西方社会环境保护运动在景观规划设计中的折射。1972 年美国西雅图煤气厂公园（Gas Work Park）是用景观更新设计的方法，对工业废弃地进行再利用的先例，它在公园的形式、工业景观的文化价值等方面，对景观设计都产生了广泛影响[32]。从那时起，西方出现了一些工业景观更新的设计，如德国北杜伊斯堡景观公园（Landschafts Park Duisburg Nord），这些方案的提出和最终被公众所接受也说明了 20 世纪 70 年代以后人们对环境的关注和对社会发展的每一个脚印的珍惜。

（1）美国西雅图煤气厂公园（Gas Work Park）

美国西雅图煤气厂公园建于 1972 的西雅图煤气厂公园（见图 2-1、图 2-2）占地面积 8 hm²，基地原为西雅图煤气厂（建于 1906 年）旧址，生态环境质量极差，严重缺乏绿色空间。西雅图政府十分重视环保工作，从而决定将其购买并改建为城市公园。1972 年，由著名的景观设计师理查德·哈格设计改造成为现在的工业景观公园。设计师提出了大胆的设想，认为对待早期工业遗迹，并非要全部拆除，而是可以结合现状，充分发掘和保存基地特色，为城市保留一些工业历史特征。工业设备经过细致的分析与改造后适当删减，并进行艺术处理改造；工业建筑被有选择地保留并进行了功能置换，改造成为餐厅等具有新功能的空间；受污染的表层土壤被清除，引入能吸收油污的酵素和有机物质处理深层毒素。通过生物和化学的作用逐渐清除分解半个多世纪沉积下来的污染[2]。

图 2-1　西雅图煤气厂公园景观效果（一）

图 2-2　西雅图煤气厂公园景观效果（二）

原煤气厂中具有纪念意义及实用价值的工业建筑、设施被保留或改造，相对破败与没有代表性的则是拆除、重构。对于工业建筑、设施的利用仍是选择性的，象征性的，自然景观也被部分保留与更新。这是用景观设计的方法，对工业废弃地进行再利用的先例。它的成功不仅体现在公园的形式、工业景观的美学及文化价值等方面，还体现在它开创了生态净化工业废弃地的先例。它对之后的各种类型的城市工业废弃地改造更新成公园或公共园区的设计，产生了极大的影响。

在现今的西雅图，这个由工业废弃地改造而成的公园已经成为最受欢迎的休闲去处之一。各种各样的活动在这里展开，如展览、音乐会、公共集会、日光浴、放风筝、骑自行车、儿童游戏和眺望风景等。那些引人注目的工业设备在明净广阔的天空下如同巨大的雕塑，诉说着曾经的记忆。缓缓起伏的土丘与石油分解塔的高大轮廓形成强烈对比，众多游人被吸引到最高点，欣赏公园全貌及远处城市景观。这一切都使人感到这片场地已被修复完好，获得了重生。

由于哈格出色的设计以及营造天然公园的生态理念，他获得了1981年的美国风景师联合会最高设计奖，正如他在讲座中提到的那样，一个城市的文化遗迹或历史景观，往往是城市的个性灵魂所在，应该引起足够的重视。

（2）德国北杜伊斯堡景观公园（Landschafts Park Duisburg Nord）

北杜伊斯堡景观公园（Landschafts Park Duisburg Nord）是德国北杜伊斯堡一个炼钢厂改造成的一个后工业景观公园，由德国景观设计师彼得·拉茨与合伙人于1991年建立。其原址是炼钢厂，使周边地区环境受到严重污染，工厂于1985年废弃（见图2-3、图2-4）。该项目的设计与其原用途紧密结合，将工业遗产与生态绿地交织在一起。1994年正式对外开放。彼得·拉茨也因此设计于2000年获得第一届欧洲景观设计奖。

图2-3 北杜伊斯堡景观公园景观一

图 2-4　北杜伊斯堡景观公园景观二

设计师彼得·拉茨的设计思想理性而清晰，他对原有场地尽量减少大面积的改动，并加以适当补充，使改造后的公园所拥有的新结构和原有历史层面清晰明了。设计师用生态的手段处理这片破碎的区域。首先，工厂中的构筑物都予以保留，部分构筑物被赋予新的使用功能。厂区中原有的废弃材料也得到尽可能的利用。其次，厂区中的植被均得到合理的恢复，荒草也任其自由生长。再次，厂区中水的循环利用采用了科学的雨洪处理方式，达到了美化景观和保护生态的双重效果。

该项目最大限度地保留了原工厂的历史痕迹，利用原有的"废料"塑造公园的景观，从而最大限度地减少了对新材料的耗费，节省了投资。经过 4 年多的努力，这个昔日的钢铁厂被改造成为一个占地 230 hm^{2}的综合休闲娱乐公园，与其相关的许多分支项目在随后的几年中也都逐渐完成[33]。

北杜伊斯堡景观公园项目对我们的启示有以下几个方面：

① 尊重场地原貌和历史，而非抹杀它，并为其赋予新的诠释。公园改造保留了场地的完整形态，经济上节省了拆除及重建的巨大花费，并保留了场地的记忆，使得场地的文化内涵得到拓展，同时增加新的功能，也使场地的意义得到进一步升华，这与国内一些大拆大建的做法形成鲜明对比。

② 建立完整的景观序列，使部分与整体相互协调。为达到内部时空及功能上的完整性，场地本身需要景观序列性。场地的建设还要考虑周边环境，以更明确的定位与周围形成有机整体，彼得·拉茨提出的"景观句法"是其中一种有效的方法。

③ 设计与自然结合。场地改造要尊重自然，保护自身特有的生态体系，植被尽量本土化，结合场所需要进行植物培植。

④ 公园管理者要有意识地整合到工业遗迹的再开发和利用中。公园中的植物生长状况不受人为干预，管理者有意识地树立标牌等对植物进行保护并教育公众，这一点与中国当前普遍存在的将公园人为美化、净化、纯化的开发理念有着本质的差别。

⑤ 公园推行积极的市场策略，保证活动的场所的实用性。该公园积极开展一系列市场营销策略，并且建立了非常实用的室内室外活动场所如潜水场、舞台、攀岩地等使游客可以切实感受到公园带给自己的便利，从而愿意前往。此外也为公园的有效营运提供了一定的资金支持，从而使公园呈现良性持续的状态，从而赢得成功。

国外的工业遗产研究相比中国早，并且有许多成功的经典案例，并且在如何保护和开发方面也形成了比较完整的科学体系。研究国外案例的目的最重要的是为我所用，因为在中国，我们的工业遗留是十分丰富的。

2.2.2　国内研究现状与进展

近年来工业废弃地的更新问题日渐受到世人的关注，也得益于国际国内这股对工业遗产保护和利用研究的热潮，其蕴涵的产业潜力和历史文化价值受到了广泛重视。但是由于种种原因，国内对工业废弃地的保护和利用远未提升到一定的高度，因此仍有大量工业废弃地在城市新一轮开发建设的热潮中消失殆尽。虽然工业废弃地的产业和文化价值有限，但是具体到某一座城市，一块工业废弃地对城市工业文脉和城市产业发展的历史来看同样是重要的环节。

我国自 1980 年开始，土地有偿使用制度建立，城区土地"退二进三"式功能置换和老工业基地转型，这三个方面已经成为产业用地调整的方式。随着大量工厂企业的搬迁，它们留下的土地以及废弃建筑、设备的处理是一个无法回避的问题，简单的拆除重建已不能适应当代城市多元化发展的需求。与西方国家自 20 世纪 60 年代开始重视工业废弃地保护相比较，我国对工业废弃地的保护已经远远滞后。

进入 20 世纪 90 年代，伴随着城市产业结构的调整和第三产业的快速发展，大量城市的工业用地规模及空间布局发生了巨大的改变。同时，新技术的出现与发展，使传统工业的发展陷入困境，城市中心区内许多工业用地被闲置废弃，工业重心向新兴工业区或郊外转移，形成了大量的工业废弃地[2]。在城市化进程加剧的今天，怎样有效地更新、再利用这些具有历史文化价值的城市工业废弃地，如何实现自然资源与人文资源的可持续再利用，从而在城市设计中做到最少的资源浪费和环境污染，实现工业废弃地的可持续发展，是我们必须正视的一个重要课题。

我国对旧的工业建筑进行整体改造更新大约始于 20 世纪 80 年代后期，如北京手表厂的多层厂房被改造成"双安商场"。但是由于经济、技术以及价值观念等问题，在城市更新中，多数工业地段还是采取"大拆大建、推倒重来"的方式。因此与国外盛行的再利用的理念相比，国内仅有少量的开发利用实例，但规模相对较小，方法也有待完善。

进入 20 世纪 90 年代中期开始，国内一些知名的学者积极投身于工业遗产、工业废弃地保护和更新利用的研究和实践中，并在近年来涌现出例如广东中山歧江公园、北京远洋艺术中心、天津万科水晶城、上海红坊创意园等一批优秀的实例。但是应看到，在这些工程项目中，有些还不能称作完全意义上的工业废弃地的景观更新，而仅仅是旧建筑改造的内容。在理论方面，北京大学俞孔坚教授结合中山歧江公园项目对城市工业废弃地进行了较为深入的相关研究，并明确提出了"工业美学"的主张[2]。近年来，俞孔坚教授先后在北京、上海、天津等地参与了一些工业废弃地的保护利用项目，成为国内工业废弃地保护利用的倡导者和先行者。近年来全国各地出现了许多关于将工业废弃地改造成创业园、工业公园以及其他休闲娱乐区的案例，代表案例如下：

（1）中山歧江公园

中山歧江公园的场地原是广东中山市著名的粤中造船厂，作为中山社会主义工业化发展的象征，它始于 20 世纪 50 年代初，终于 20 世纪 90 年代后期，几十年间，历经了中华人民共和国工业化进程艰辛而富有意义的历史时期。特定历史背景下，几代人艰苦的创业历程在这里沉淀为真实而弥足珍贵的城市记忆。为此，我们保留了那些刻写着真诚和壮美，但是早已被岁月侵蚀得面目全非的旧厂房和机器设备，并且用我们的崇敬和珍惜将他们重新幻化成富于生命的音符[35, 36]。

1999 年由中山市政府投资，北京土人景观规划设计研究所和北京大学景观规划设计中心设计，北京大学景观设计学研究院院长俞孔坚出任首席设计师，将粤中造船厂改造为中山岐江公园（中山岐江公园占地 11 hm²）[37]（见图 2-5）。该公园于 2000 年 8 月开始动工建设，2001 年 10 月公园主体建成并对公众开放，随后，位于岐江公园内的中山市美术馆也于 2002 年 11 月正式开放。岐江公园在设计上保留了粤中船厂旧址上的许多旧物，并且加入了很多和主题有关的创新设计，既保护了造船厂的工业元素和生态环境，体现了环保节约、概念创新等设计理念，取得了以最小成本实现最佳效果、建筑与环境和谐统一的效果[38]，同时又发挥了展现与承载创业历程、记录城市记忆等功能。该公园建成后，其设计于 2002 年 10 月获得了美国景观设计师协会 2002 年度荣誉设计奖。此外，该公园的设计还陆续获得 2003 年的中国建筑艺术奖，2004 年的第十届全国美术作品展金奖、中国现代优秀民族建筑综合金奖，2009 年 11 月 6 日获得 ULI（国际城市土地学会，Urban Land Institute）全球杰出设计与开发全球奖等多个奖项。

图 2-5 中山岐江公园鸟瞰

（2）上海红坊创意园区

红坊位于上海淮海西路（570—588 号）核心地段，与上海城市雕塑艺术中心融为一体，南邻淮海西路、徐家汇商业中心，西靠虹桥 CBD 商务区和新华路历史风貌保护区（见图 2-6）。距轻轨 3 号线虹桥路站步行不到 5 min，交通便捷、区位优越。地处城市中心黄金地段，又因处长宁、徐汇、静安三区交界地带，更从区位上兼具了向三方辐射的优势力。

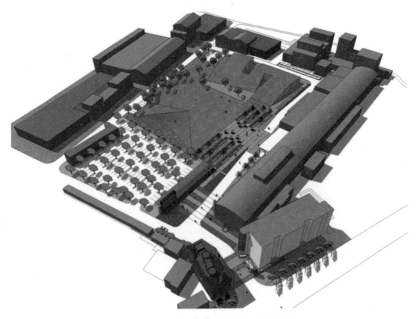

图 2-6　上海红坊创意产业园鸟瞰

红坊改建于上海钢铁十厂原轧钢厂厂房，该厂房建于 1958 年，总建筑面积 1.8 万平方米。利用老工业建筑的框架与结构，将厂房的高大空间、框架结构等特点与现代建筑艺术相结合，既传承了老建筑与生俱来的历史肌理，保护其原生态感，又做了通风、安全、和谐的细节处理，使新旧空间互相结合、流动、自然过渡，打造成为一个综合文化中心。以上海城市雕塑艺术中心为主体，并有多功能会议区、大型

20

活动及艺术展览场馆、多功能创意场地等灵活的空间应用[39]。其中文化商务办公区面积 11 000 m²，大型公共艺术展示厅 5 000 m²，酒吧、咖啡厅、西餐厅等休闲场所 2 000 m²。

在室外景观空间上保留原有场地的基本地形地貌，将轧钢厂原有的生产设施、机器设备以及生产产品进行综合利用，并基本保持元素原有的状态，成为园区内的象征性的雕塑小品。同时，又将当代的一些具有鲜明个性和视觉冲击力的吊索作品设置其中，从而形成鲜明的对比。

3 弄弄坪铸钢厂场地现状调查与问题分析

3.1 弄弄坪铸钢厂研究区域现状调查

攀枝花市铸钢厂是民营股份制企业，投产于 1985 年 12 月份，现有固定资产 5 000 多万元，是专业电炉炼钢厂。年产特钢、铸件、连铸坯能力达 5 万~6 万吨，年产值、销售收入可达 1 个亿。全厂现有职工 300 人，管理干部和技术人员 35 人，其中高级工程师 3 人，工程师 7 人，助理工程师 14 人。攀枝花市铸钢厂在原来生产建筑用钢的基础上，新开发了火车及汽车弹簧钢、航空专用钢、优质合金钢等系列新产品 100 多个品种。但由于工厂发展需要以及城市功能区布局的整体调整，该厂已于 2006 年整体搬迁，原有厂区已经闲置数年。

3.1.1 弄弄坪铸钢厂自然条件特征

攀枝花弄弄坪铸钢厂原厂址位于四川省攀枝花市西区，分为南区和北区，本次研究的区域为南区（也是铸钢厂主要生产厂区）占地面积约 55 620 m² （见图 3-1），主要建筑占地面积约为 17 350 m²。厂房分布较密，厂区内有大量的铸钢工业构筑物，厂区内有一处空电站和配电站，以及数条用于运输产品的铁道、用于运输钢渣的渣罐容器（见

图 3-2、图 3-3）。厂区内绿化面积不大，植物种类较少，且植物景观形式单一。厂区内部分表层土壤已被污染，如废料废渣堆放，导致有些植物有"病态"现象。基地内既有一些具有鲜明结构特征的构筑物与设施（见图 3-4、图 3-5、图 3-6、图 3-7）同时又大量的存在大量的临时性用房（见图 3-8、图 3-9），此外，厂区东面主要集中为铸钢厂原有办公区和宿舍区等建筑（见图 3-10、图 3-11）。

图 3-1　项目原址卫星图

图 3-2　运输专用铁路线现状（一）

图 3-3　运输专用铁路线现状（二）

图 3-4　废弃的主厂房

图 3-5　废弃的吊车架

图 3-6　主厂房西侧细部

图 3-7　厂区东北面远眺主体厂房区现状

图 3-8　厂区内临时用房照片（一）

图 3-9　厂区内临时用房照片（二）

图 3-10　铸钢厂原有办公区入口

图 3-11　铸钢厂原有宿舍区

1. 气象情况

攀枝花市是中国四川省地级市，位于中国西南川滇交界部，金沙江与雅砻江汇合处。1965 年为开发攀枝花铁矿资源，着手组建城市，初名为攀枝花特区，后正式建市时定名为渡口市，之后又改名攀枝花市。攀枝花市在同纬度地区中是一个独具南亚热带风光的城市，市区内到处生长着高大挺拔的攀枝花树（木棉花树），因此得名。

攀枝花市气候独特，属南亚热带亚湿润气候。具有夏季长、温度日变化大，四季不分明，降雨少而集中，日照丰富，太阳辐射强，气候垂直差异显著等特征。

攀枝花所处的河谷地区比较温暖，年平均气温为 19 ~ 21 ℃。全年无冬，最冷月的月平均气温也在 10 ℃ 以上。夏季的气温却不高，最热月的月平均气温也不过 26 ℃ 左右。攀枝花降水不多，云量少而光照充足，全年日照时数长达 2 300 ~ 2 700 h。太阳辐射强（578 ~ 628 kJ/cm²），蒸发量大，小气候复杂多样等特点。年总降水量为 760 ~ 1 200 mm，一般最热月出现在 5 月，最冷月出现在 12 月或 1 月。一般 6 月上旬至 10 月为雨季，雨季降雨量占年降雨量的 90% 左右，11 月至翌年 5 月为旱季，无霜期达 300 天以上。

攀枝花城市地貌和地质复杂而多样。总体而言，属中山峡谷地貌。按省农业地貌划分标准，可分为坪坝、台地、高丘陵和低中山四个类型。其中平坝为分布在海拔 1 400 m 以下的河谷沿岸小盆地。台地主要是金沙江沿岸阶地和洪积扇台地，攀枝花城市各建成区多建立在这一地貌类型上。由于地质构造复杂，褶皱断裂发育，各地质年代地层和岩石众多。

表 3-1　攀枝花基本气候情况（据 1971—2006 年资料统计）

	1 月	2 月	3 月	4 月	5 月	6 月	7 月	8 月	9 月	10 月	11 月	12 月
平均温度 /°C	13.6	16.8	21.0	24.4	25.8	26.3	25.2	24.7	22.4	20.2	16.1	12.8
极端最高温度 /°C	27.9	32.5	34.3	38.0	39.6	39.8	37.9	38.1	34.8	33.5	29.6	27.8
极端最低温度 /°C	1.7	3.6	6.0	8.7	10.5	13.6	15.2	15.6	10.9	9.5	4.1	0.4
平均降水量 /mm	4.2	3.5	10.0	11.7	45.4	133.4	207.1	210.0	140.9	61.2	20.5	1.5
降水天数 /d	1.5	1.6	3.3	3.1	7.9	13.8	19.2	15.4	14.6	10.2	4.3	1.3
平均风速 /（m/s）	0.9	1.5	1.8	1.9	1.7	1.5	1.1	1.0	1.1	1.1	0.7	0.6

2. 研究场地基本地形、地质情况

攀枝花弄弄坪铸钢厂原厂址所处地势北面高，南面低，东西两面均是山坡，山坡坡度 30°～60°不等，场地内核心区域为低洼的平地，在厂区内中部有一条处于主要上产区与办公及宿舍区之间的已经被生活污水所污染的由北向南流经的小溪，山顶高程 1 800～2 600 m。主研究区内的土壤水平带为红壤带，土壤垂直带谱为燥红土、褐红壤和山地红壤，主要区域性土壤有红色石灰土、紫色土，本地区的土壤呈微酸性，适合大部分植物生长。

3.1.2　铸钢厂生物景观特征

1. 景观分布类型现状

经前期现状调查及勘测显示，研究区域内景观类型状况如下（见

表 3-2）：在 55 620 m^2 的研究区域内，水体的总面积为 400 m^2（水池的面积为 320 m^2），厂区道路与空地面积约为 20 470 m^2。研究区域内多为厂房、空地和野生植被区。

表 3-2 研究区域内景观类型统计表

研究区域（55 620 m^2）	景观类型	占研究区域比重
建筑（16 350 m^2）	厂房、变电站、配电站、其他构筑物	29%
道路与空地（20 470 m^2）	硬质道路、硬质空地	37%
其他区域（18 809 m^2）	水体、杂草、碎石与植被	34%

2. 植被资源状况

（1）绿化总量太少。所有的绿化面积加起来只有 14 840 m^2 左右，不到总用地面积的 27%。

（2）分布不均衡。现状的植被分布非常零散，除了中央谷地的植被有较好的连续性和宽度以外，其他的斑块面积都很小，植被单一杂乱，而且相互没有联系。基地东南角有一处相对集中面积较大的绿化，但是与其他绿化斑块也没有联系。

（3）植被本身质量很差，生态效益低。大部分的植被都只是一些小的灌木或者小乔木，其余为杂草，而且没有绿化的层次感，西侧厂区路绿化带两侧的植物只有橡皮树一种，虽然种植的较密，但是树种单一，缺乏空间变化。中央谷地绿化效果较好，因为处于小溪附近相对水分充足，所以植物种类相对也比较多，但是树种也是以慈竹、橡皮树以及番石榴为主，其他树种很少，灌木主要是马缨丹，总体绿化生态效益比较低。

研究范围内的现状植被主要是本地常见植被，局部少量人工零散种植的蔬菜、香蕉林、果树、剑麻等，积水塘内的主要水生植物是水葫芦，杂草主要有酢酱草、香附子、牛筋草、马唐、鼠曲草、双穗雀稗、艾蒿、皱果苋、空心莲子草、车前草、胜红蓟、圆果雀稗、小飞蓬、天胡荽、黄鹌菜等，但场地内现状被侵害严重，大片的自然植被已被破坏，大部分零星小片的自然植被和危害植被在设计时将会铲除，重新规划，尽量多保留一些大片的现状自然植被（见表3-3）。

表3-3　研究区域内植物资源统计表

类别	品　种
乔木	芭蕉、凤凰树、刺桐、黄槐、红花羊蹄甲、香樟、番石榴、小叶榕、高山榕、木棉、假槟榔、酒瓶椰、蒲葵、夹竹桃、滇刺枣、清香木（细叶楷木）、黄角树、构树、余甘子
灌木	三角梅、大青枣、黄杨、马缨丹、夹竹桃、巴茅、蜘蛛兰、金边虎尾兰、海桐、鹅掌柴、金边黄杨、攀枝花苏铁、剑麻、车桑子、铁仔、马鞍叶羊蹄甲、沙针、毛果算盘子、狭叶醉鱼草、牛角瓜、大叶千斤拔、马桑、仙人掌、猪屎豆、假烟叶树、黄荆
藤蔓	爬山虎、炮仗花、油麻藤
地被	吊兰、酢酱草、牛筋草、鼠曲草、双穗雀稗、马唐、皱果苋、空心莲子草、车前草、艾蒿、胜红蓟、圆果雀稗、黄鹌菜、蒲公英、獐芽菜、地锦草　扭黄茅、香茅、龙须草旱茅、荩草、从毛羊胡子草、六棱菊、稀莶草、鬼针草
湿地	鸢尾、葱兰、车轮草、水葫芦、芦苇、菖蒲、伞草
作物	蔬菜、芒果、荔枝、石榴、木瓜

3.2　弄弄坪铸钢厂与周边现状调查分析

3.2.1　区位分析

攀枝花弄弄坪铸钢厂位于四川省攀枝花市西区，与东区相接，坐落于大黑山脚下，金沙江北岸，攀枝花弄弄坪铸钢厂毗邻西区核心区域——清香坪大生活区、攀枝花市西区政府、攀枝花市西区公安局、攀枝花市西区检察院、攀枝花市第二人民医院、攀枝花市第七中学、大黑山自然保护区等，基地面积约 55 629 m²。交通四通八达，场地具体位于格萨拉大道和弄弄坪西路两条主干道之间，是前往攀枝花著名旅游景点——格萨拉生态旅游区的必经之处。它是攀枝花一个非常重要的城市节点，其影响辐射于整个清香坪片区。

3.2.2　场地优势分析

研究场地内有一定数量的具有鲜明结构特征的厂房、办公用房、工业构筑物以及原有遗留的生产产品与设施（见图 3-12、图 3-13），这些元素可保留下来作为重要的工业景观符号和景观设施。

图 3-12　原有生产设施（一）

图 3-13　原有生产设施（二）

（1）场地所处的区域具有较大的区域辐射优势，将可作为融教育、展览、办公和休闲为一体的综合性服务园区，相关的大型厂房建筑与相关工业设施大部分能被保留并进行适当的改造与再利用。

（2）基地内现存一定数量植被，特别是有一定数量的大型乔木（见图3-14）、灌木以及自然形成的野生植被群落景观（见图3-15），为自然景观的整体营造提供一定前提。

图 3-14　现存的大型木棉树

图 3-15 自然植被群落景观效果

（3）研究区域紧临攀枝花市西区的两大主干道，可借此打造沿街
景观带，在景观造景上可营造出多层次、多空间的临街景观效果。

3.2.3 场地劣势分析

（1）本场地处于三面高山环绕之间，山体多为单面山地貌，厂区
场地地势相对较低且狭窄存在着明显的压迫感。

（2）由于攀枝花特殊的气候情况和地址条件，周围山地基本无乔
木和常绿灌木，冬季由于干燥经常起山火，整个山体基本呈现光秃秃
的状态，自然景观效果极差。

（3）研究场地范围内的厂房与附属建筑密集且分布杂乱无规律，
场地内现有大量的临时性建筑和生产遗留垃圾，给改造设计工作带来
了不小的难度和工作量。

（4）厂区内有一条已被严重污染的臭水沟，给该区域的整治与景
观再生带来了不小问题。

（5）厂区内有效的绿化面积不大，植物种类较少且极为凌乱，植物景观形式单一而混乱。

（6）厂区内部分表层土壤已被污染，如废料废渣堆砌以及相关污水的侵蚀所造成等，导致有些地面受到长期严重的污染。

3.3 弄弄坪铸钢厂景观改造更新的必要性

通过综合的调查发现弄弄坪铸钢厂原厂区景观改造更新具有必要性，主要表现在以下几个方面：

3.3.1 地区发展战略

弄弄坪铸钢厂位于东区与西区接合部，交通和区位均有很强的优势。因此，随周边城区的改造和城市化水平的提升，怎样才能融入到城市中去，是应该首要考虑的问题。在场地西面是攀枝花的西区行政中心和西区最大最完善的清香坪生活区，原本是个大型的生活区，并且将是大量的新兴的住宅和商业区不断拔地而起的位置，因此改造铸钢厂，将会产生良好的社会效益。此外，通过主题式综合性园区建设，发展工业科教基地和工业遗产文化展览旅游、综合商业项目，对原厂区环境将会有彻底的改造，从此将提升这片土地的生活质量与文化品质。同时，这对提升周边土地和房产的价格有着积极的作用，从而也有利于该片区所拥有的土地潜在价值的发挥。最终实现该区域从单一的经济结构向多元化经济结构的转化。周边现有配套服务统计见表3-4。

表3-4 研究区域周边现有配套服务统计表

类别	餐饮	娱乐	学校	社区	医院	宾馆	银行	其他
数量	15处	6处	8个	7个	3个	16处	8家	12处

3.3.2 城市综合发展需要

攀枝花市是一座在特殊历史背景下，以特殊开发模式建设起来的典型资源型新兴工业城市，是中国西部重要的钢铁矿业城市，在20世纪60年代发展初期受"先生产，后生活"方针的指导，生活区部署在工矿区周围，工矿区和生活区犬牙交错，形成了各具特色的8个片区。片区之间通过铁路、公路交通连为一个整体，城市沿金沙江蜿蜒分布，东西长达50 km以上。这种状况导致城市布局过于分散，城市基础设施比较落后。攀枝花作为山地城市，使得现有片区规模过小，城市功能区区分不明显，城市集聚效益未能发挥。城市的综合服务功能与经济发展、社会进步不相称。由于西区又是攀枝花的工业、矿区集中的区域，上述问题在西区凸显得更加严重（见图3-16）。

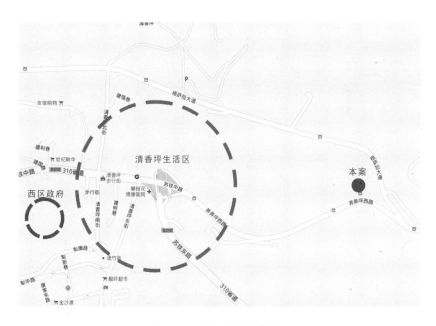

图 3-16 项目区位分析图

攀枝花作为川西南滇西北最大的中心城市，发展的五十年间，没有一个真正意义上的艺术馆（美术馆）或者展览中心，公共服务和社会服务设施严重不足，建设水平极为低下。

攀枝花市的城市建设"更像大矿区而非现代化城市"，在履行环保等现代城市管理职能时必将遭遇很多挑战。因此，历经建市50多年以来的工业化扩张，攀枝花市的资源输出型主导产业与粗放式生产模式，使生态环境进一步恶化，经济活动与人居环境的矛盾不断加剧，攀枝花在今天现实的发展中面临着危机。早在20世纪90年代后期，市场经济的冲击，钢铁产业竞争力的削弱，生态环境的约束，城市建设的困惑，就已成为攀枝花发展的问题。随着攀枝花市支柱企业攀枝花钢铁集团被鞍山钢铁集团合并以及攀枝花钢铁集团的生产、办公重心分别向西昌、成都等地外移，进一步削弱了城市的工业发展势头，从而加剧了城市发展的危机感。加快产业结构调整，是这个产业单一的资源型城市实现可持续发展的必然选择。攀枝花市发展从资源型城市的经济转型已经迫在眉睫。

4 弄弄坪铸钢厂工业废弃地景观更新设计研究

4.1 项目定位

本项目的更新改造目标为：将现有区域改造成为集综合办公、休闲、商业、文化旅游为一体的综合性园区。改造完成后作为一个重要的创意办公、休闲工业公园，作为西区最重要的综合发展区域，并成为攀枝花城市转型发展重要的示范点。

4.2 设计理念

"融合"——工业废弃地就像一个打乱了颜色的系统一样，降低了综合效应。要想使其重现生机并得以良性的持续发展则需将所有的景观元素在"融合"中重新整合，达到环境更新、生态恢复、文化重建、经济发展的综合目的。

设计理念主要体现在六个方面。

1. 生态恢复设计

生态恢复设计主要包括三方面：尊重铸钢厂场地的生态发展过程；提倡物质能源的循环利用；倡导场地的自我维持以及有利于可持续发展的处理技术的应用。

（1）不仅考虑如何有效利用自然的可再生能源，而且将设计作为完善大自然能量大循环的一个手段，充分体现园区作为城市有机的一部分的自然生态特征和运行机制。

（2）尊重园区的自然地理特征，设计中尽量避免对地形构造和地表机理的大范围破坏，尤其注意继承和保护地域传统中因自然地理特征而形成的特色景观。

（3）通过更新设计重新认识和保护人类赖以生存的自然环境，建构更加合理的生态伦理[40]。

在本项目的生态系统的损害没有超负荷，且属于可逆的情况。因此，解除外界压力和干扰，使其自身的恢复在自然过程中逐渐发生，如空出野草及其他植物自生自灭的区域、减少人为的干扰。

2. 景观再生

保留、更新和再利用原有的工业景观要素，不仅使弄弄坪铸钢厂成为一个商业文化综合园区，同时也使它成为供普通人休憩放松的小型城市公园，让人们在重温那段艰苦岁月的同时，不自觉地进入另一个让人激动而又沉静的思索空间，从而赋予场地更深层次的含义与内涵[41]。

3. 以人为本

本项目所涉及的区域将来会是攀枝花西区城市区域中心辐射区，具有较强的公共性和流动性，因此在设计中需要考虑一定量的硬质场地，以容纳园区内人们以及周边居民的各种工作、参观、休闲行为方式，同时还需在公共设施（如管理用房、小卖部、卫生间、座椅、健身场地、游戏场所、停车场、灯光照明、无障碍设计等方面）设置方面进行全面系统的考虑，充分体现尊重人以及人的相关行为活动的准则。

4. 场所精神

尽管铸钢厂废弃空间建筑不是文物性质的古代建筑，但由于铸钢厂在 20 世纪 80 年以来不断发展壮大，成为本地具有重要影响力的铸钢企业，从遗留下来的工业厂房空间中可以看到攀枝花市时代的发展和历史的变迁，对城市文明的延续、城市历史的凝固，有着不可估量的作用。它见证了攀枝花市由一个 20 世纪 60 年代才开始建设的小工业矿区到著名重工业城市以及"世界钒钛之都" 的发展历程[41]。因此，我们有必要保留厂区内的部分工业景观以保护这段被人忽视的足下的文化与现代工业历史。而此时那些生锈的高炉、废旧的工业厂房和生产设备，不再是肮脏的、破败的、消极的。相反，它们是人类历史上遗留的文化景观，更是人类工业文明的见证[32]。

5. 经济创收

对厂区原有构筑物进行适当的综合规划和改造之后赋予其新的多元化的使用功能，通过在其中开设办公、商铺、出租场地、举办各类展览活动等方式，使场地具有一定的经济效应，从而为本项目得以实现、延续和发展提供必要的前提保障，达到可持续发展的目的[41]。

6. 科普教育

基本保留厂区内原有的工作处理系统（如机械设备、部分代表性产品等），并通过设置解说牌、园区导视系统等方式向参观者传达关于铸钢的技术过程和技术要求以及该铸钢厂发展的历程，从而达到科普教育的作用。

4.3 设计原则

在现代城市工业废弃地景观的改造设计中，研究和了解现有场地景观要素的基本状况，探寻地段的空间逻辑关系、挖掘蕴涵的历史文化特色，坚持尊重、生态、综合、整体的设计原则是更新设计成功的重要前提条件之一[2]。在本次景观改在设计中主要遵循以下原则。

1. 综合效益的设计原则

在城市工业废弃地的景观更新中，不能单一的仅从经济效益（或开发商效益）出发，而应该从城市的社会、经济、文化、城市规划、环境景观、文物保护、建筑设计等多个方面综合考虑，采取综合措施与方法，以确定其再更新的目标、方式。只有在综合效益原则的指导下，才能为更新后的工业废弃地注入新的活力，并且通过其自身的良性循环，带动地段经济的发展，实现整个区域的社会、文化、经济及生态的全面复兴。

此外，在本项目的综合利用开发中，还应当考虑到人、自然及工业遗留物之间的共生关系，注重的项目及周围环境质量的综合提高，保障本项目场地范围内的动植物及人能够以相互稳定、相互有利的方式相处，使人与自然生态环境达到最佳契合。

2. 尊重的设计原则

即充分尊重场地的景观特征及原有区域的自然环境和历史文化背景，保持原有场地的个性、内涵。设计之前首先应该是尊重和理解场地，对所要研究的场地采取最小的干预，然后对旧有景观进行调整和改造，最后才是针对具体功能需要创造少量新的景观[41, 42]。尊重场地历史文脉与肌理，基本保持场地原有历史风貌、布局和空间尺度，并尽可能采用当地原有材料。其目的是保护和发掘区域历史信息，寻找城市历史文脉，表现场所精神，从而使景观设计延续场地与城市的集体记忆。

人们对工业时代留下的工业遗存的印象通常是肮脏的、破败不堪的，然而正是这些工业遗存反映了那个时代的历史状况和技术水平，这些遗存包括建筑物及机械、车间、厂房、仓库、能源生产转化利用地、运输和所有其他的基础设施，以及与工业有关的社会活动场所。

3. 整体性的设计原则

整体性是指工业废弃地改造作为城市结构整体中的一部分，应该有机地融合于本区域以及整个城市中，工业废弃地也应该遵循这一个原则，由宏观到微观包括城市历史文脉照应、城市区域整体性、公共功能空间要素整体性三个方面。

（1）与城市文脉的协调。

工业废弃地处于城市之中，也处于后工业遗存这个大的体系之中，其改造设计需要兼顾两个方面的问题，一方面要延续城市工业文明的历史与记忆，另一方面是要促进现代城市文化的发展。从而在唤醒人们对原有工业文明和城市记忆的同时，获得对新的城市文化的认同[44]。改造设计需要融入城市整体的文脉结构、尊重原有的城市空间肌理，并且通过对新的文化内涵的注入与引导，体现新的时代气息与文化价值。

（2）与城市区域的整体性。

在本项目设计中应该注重周边的城市功能、地段定位、空间结构等，这些都是和本项目改造设计相互影响，相互促进的要素。因为本项目所处位置的开放性与重要性，所以周边的城市功能会对本项目的建设起到较大的影响，对项目设计提出更多更高的要求。同时，周边的空间结构也对本项目提出了要求，要注重对周边城市空间的延续、提取、融合等方法上从空间上面相协调。即本项目的基本风格与周边的环境是采取共融还是对比的处理方式，都要通过特定的区域功能和空间结构来进行综合统一考虑。

（3）项目整体性设计。

整体性设计即对项目的功能构成、空间、色彩、材质等多方面的统一设计。应该突出原有空间的特质，并且加入新的空间形式来丰富原有空间，改造的空间要满足综合性产业园的功能需求。

4. 生态的设计原则

生态的设计原则不仅仅是绿色，而是要在深入理解生态学思想的基础上，在消除铸钢厂工业废弃地环境有害因素的前提下，对场地进行最小的干预。最大限度地提高能源和材料的利用率，减少建设和使用过程中对环境的污染，在建造过程中对自然环境施加最小的影响，改善地段生态环境和微气候，使其具有低维护和自我维护能力[45]。同时还要做到改善及维护地段周边地区的生态平衡，保障自然环境及生态系统的和谐稳定，于设计中处处体现可持续发展的理念。

4.4 总体布局设计

工厂废弃地内有丰富的设计要素可以挖掘，如吊塔与铁轨、散落的炼钢炉、运输原材料的车子、各种废旧的机器等。另外还有砖片、废弃钢材、钢管等工业生产材料。

这些废弃的已经失去生命立的工业发展的见证物，都是在设计中需要考虑的。

本次设计理念采用"融合"。

"融合"——工业废弃地就像一个打乱了颜色的系统一样，降低了综合效应。要想使其重现生机并得以良性的持续发展需将所有的景观元素在"融合"中重新整合，达到环境更新、生态恢复、文化重建、经济发展的综合目的。

图 4-1 设计理念分析图（绘制：苏贵景）

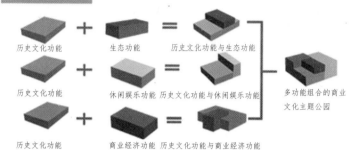

设计概念分析

历史文化功能 + 生态功能 = 历史文化功能与生态功能

历史文化功能 + 休闲娱乐功能 = 历史文化功能与休闲娱乐功能

历史文化功能 + 商业经济功能 = 历史文化功能与商业经济功能

多功能组合的商业文化主题公园

色彩美学分析

绿色—生态、自由的活动草坪、工业绿肺、城市绿肺。
红色—废弃的红砖铺就着文明、场地记忆的延伸。
黑色—生锈的金属、钢厂侵蚀的地面记载着工业足迹的黑色文化。

提取元素分析

白鸽元素 分解 重叠 样本 成形

园区内主干道通过利用白鸽元素组合重构来传达设计意念，超越以前，承载这时代的文化记忆。

图 4-2　设计概念构思分析图（绘制：苏贵景）

4.4.1　功能分区

由于本项目场地被原有生产活动需要分割成为三个主要区域（即主要生产区、储存运输区和办公生活区），由于地形的特有原因而对地形大幅度调整的可能性不大，因此项目改造设计也基本按照原有的区域与地形进行，并进行功能的定位与细化。在原有基础上分为五个大的功能区域进行设计：创意办公区、休闲公园区、商业服务区、停车服务区和抗污种植示范区（见图 4-3）。

在空间类型上根据各区域的相关具体功能对相关区域分为动、较静和静三种类型（见图 4-4），从而对整个园区有一个整体的空间类型控制，有利于具体的设计。

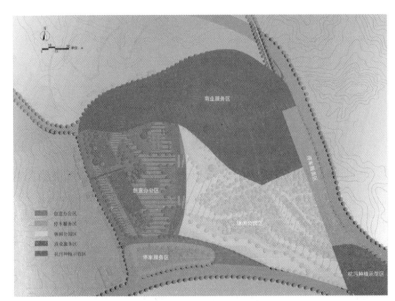

图 4-3　功能分区图

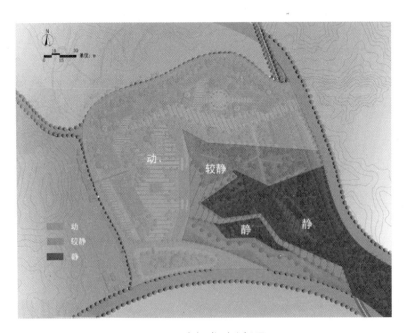

图 4-4　空间类型分析图

46

园区整体设计利用"打开"包围在主体建筑周边的一些零散建筑，使园区以开放的形式面对城市道路（见图 4-5）。室外公共空间由入口广场、滨水广场以及休闲空间构成。入口形成内聚型广场空间，广场串联所有建筑公共空间，利用建筑之间错落空间设置内庭，形成多个有围和的小院，把原来的线性的空间变成可以有留的庭院空间，成为驻足休息与放松休闲的空间。形成了外部至内部、动态到静态活动的序列[46]。室内公共空间以主厂房周边、广场入口和建筑外廊为主。室外和室内公共空间形成一种相互契合的空间模式（见图4-6）。

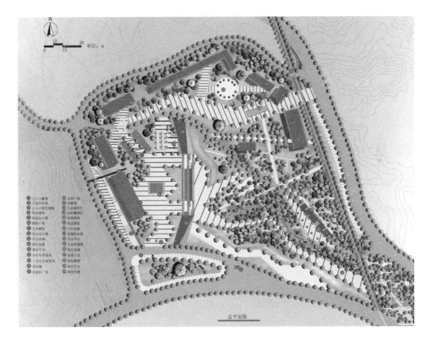

图 4-5　总平面图

保留厂房的主体结构，只是对建筑外立面进行装饰。

图 4-6 主体厂房外立面改造效果图（绘制：苏贵景）

1. 创意办公区

此区域的设置是整个项目改造设计中的核心区域，主要是由于其所处的特殊地理位置以及所特有的功能。创意办公区主要集中于原有主体厂房以及厂房东面外的空地空间。创意办公区根据其具体的功能和区域又可分为：主体办公区、办公休闲区和工业广场区等数个具体功能区。

（1）主体办公区。

本部分也是创意办公区的核心区域。主要定位为复合型创意产业办公园区。此园区结合了创作型创意产业园区和消费型创意产业园区的综合功能。既强调创作、教育又强调商业与消费的综合发展功能。

创意产业的类型多样化，如有艺术创作、工业设计、服装设计、建筑设计、室内设计、影音图象设计等，使得创意工作及展示空间也被赋予了多种内涵，各种创意设计活动或独立于单一空间或交织于同一空间，相互交流、相互促进、相互借鉴与协调发展。而创意空间的

48

规模大小受创意团队人员组成的影响，大到几十人的创意机构小到一人的个人工作室，创意办公区的设计中都要考虑到能提供给他们各类合适的创意空间[47]。

针对这样的具体情况，在本区域的具体改造方式为将铸钢厂原有的主体生产厂房保留主体建筑结构体系和部分围合体系，并对其进行重新清洗粉刷，以适应新的功能需求[48]。由于原厂房为大跨度框架体系，墙体面积较少，所以主要是保留其原有结构。让其自成体系，营造母子空间。从而打破原有建筑的限制，只是把其作为一个容纳新生事物的"容器"，新的围合空间与原有建筑的内部自成一体：具有其独立的结构体系，并根据使用功能进行灵活划分。新的空间体系与原有建筑的空间交融、碰撞，形成全新的视觉体验。二者之间的关系就如同母与子之间的包容关系：新建筑诞生于旧建筑的内部，但二者之间却又相互独立。改造设计应注重新建空间体系的灵活可变以及新旧空间的交接、融合[46，49]，如图 4-7 ~ 图 4-9 所示。

图 4-7　创意办公区内部通道效果图（绘制：张彤彤）

图 4-8 休闲平台效果图（绘制：张彤彤）

图 4-9 院落空间景观效果图（绘制：蒲泽敏）

具体为在原有框架体系内，根据实际需要设置一系列3 m×3 m的单元体式的小型空间作为办公场所（见图4-10）。单元体之间并非完全一致，局部地方进行镂空处理或者是底层架空等多种灵活多变的空间组合形态处理方式满足具体使用功能的需要（见图4-11、图4-12）。创意工作室与创意机构就可以根据自身发展的情况与规模大小，合理的选择适合各自办公发展需要的空间规模，并可根据自身的需要进行适当的单元体组合与重构，从而满足其最大限度的个性化的办公需要。

　　此外，在各单元体之间合理的穿插安排一定数量的"虚空间"（包括平台、廊道等）满足在实际办公过程中，各单位内部以及单位之间的交流活动。

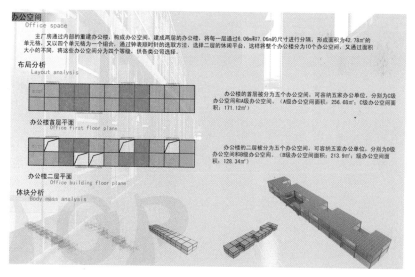

图4-10　创意办公区内部结构示意图（绘制：张彤彤）

图 4-11　创意办公区内部效果图（绘制：张彤彤）

图 4-12　创意办公区内部休闲区域效果图（绘制：蒲泽敏）

对原有部分建筑保留原有结构体系的基础上，根据使用功能拆除部分缺少新功能的原有墙体，局部采用玻璃、金属等现代材料取代保障整个空间的流通性和采光需要。并将室外景观（如植物、景观构筑物等）适当的引入到建筑室内空间中来，使主体办公区室内与室外有机的融合在一起。对新功能的需要可适当加建，但应遵循尽量不破坏原有历史性的原则，做到改造部分占原有建筑物整体的比例极小，且与旧有建筑相协调，与周围建筑相协调。

（2）办公休闲区。

此区域主要服务于主体办公区的办公、休息、洽谈等多种功能，主要位置集中在原有主体厂房周边位置。该区域的面积不大、较为零散，但是在此设计中具有举足轻重的作用。它既具有重要的辅助功能，又具有重要的空间过渡作用。主要呈现出的几种形式如表4-1所示。

表4-1　休闲区组成形式统计表

空间形式	总面积	功　能	主要分布位置
小型花园、庭院	620 m^2	休闲、交通	主体创意办公区西面
过道	310 m^2	休闲、交通	主体创意办公区东面
咖啡、茶座	240 m^2	休闲、洽谈	主体创意办公区南面

2. 休闲公园区

休闲公园区处于整个园区的中心区域，也是整个区域内面积最大的区域，改造后必然是周边居民与游人进入园区后心理上的目的地，也是园区现存自然景观质量最高的区域，因而也成为本项目的核心景观区域。

根据该区域原为一片零散平房小院落和大面积的原生植被的现有情况分析，将该区段用地规划为以休闲居住用主、商业用地为副的休闲活动区。该区域景观特点以休闲游园活动为主。具体体现在景观规划设计上：首先，以保留原有数座结构较稳定的院落空间进行具有针对性的改造，成为具有相应功能的景观建筑。其次，拆除部分景观效应较差的院落建筑，将拆除建筑后遗留下来的平地空间作为休闲与健身场地。再次，在保留原有自然植被形态和群落的前提下培植适当的人工绿地作为补充，从而形成统一整体，达到连接成片的景观效果。以各类原生态花灌木、乔木作为衬托背景，结合各类休闲游园活动空间，设置休闲健身器材，给附近工作居住的人们提供一处体育健身、休闲娱乐、散步休憩为一体的片状休闲绿地空间。

3. 商业服务区

该区域主要位于场地的东北面，整体面积约为 21 000 m²，主要覆盖了原铸钢厂办公区、宿舍区以及部分自然绿化区。设置该区域主要目的在于园区建成后的长期发展需要以及提升整个综合园区的综合价值需要。该区域相关交通较为发达，是今后发展商业的重要地段，具有重要的商业辐射作用。该区域定位主要为住宿、餐饮等商业类型，借助原有的宿舍改造成为小型商务类宾馆与酒店，将原有办公区改造成为餐饮店、便利店等，作为整个园区的重要配套设施。

4. 停车服务区

在园区停车场设置上为露天停车场，南面停车服务区面积约为 1 120 m²，主要针对创意办公区、生态公园区的使用需要，东面停车服务区面积约为 1 240 m²，主要为了满足商业服务区的使用需求。

根据现场情况和功能要求，经过分析，本园区两处停车场方案均为：一进一出全配置标准停车场集中式（即进出口通道）收费管理系统（见表 4-2）。

表 4-2　停车场相关距离统计表

项　目	微型汽车和小型汽车	大中型汽车
车间纵向净距/m	2.00	4.00
车背对停车时车间尾距/m	1.00	1.00
车间横向净距/m	1.00	1.00
车与围栏、护栏及其他构筑物之间纵向/m	0.50	0.50
车与围栏、护栏及其他构筑物之间横向/m	1.00	1.00

在停车场的实际设计上采用生态透水植草砖铺装而成，再在植草砖间缝隙内种植草皮，从而达到最大限度的绿化效果与生态效应的需要。

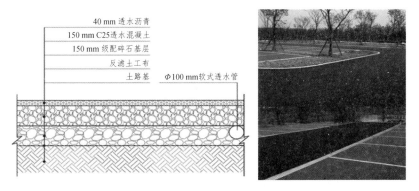

图 4-13　生态停车场设计示意图

5. 生态恢复区示范区

本区域位于位于场地东南角，以坡地为主，面积约为 1 200 m²。根据铸钢厂厂区废弃地的地形特点，此区域主要为裸崖、废石场和现有植被。对于裸崖植被难以生长，适当保留，作为展现场地历史的特色景观元素加以利用；对于原有植被区，可以因形就势，进行植被重建与生态恢复。为了增加市民对植树文化和生态保护的认同感，特别设立公众植树纪念林。在此处提供苗木和工具，游客可以自己动手植树、立纪念碑，使人们享受劳动的乐趣、感受为区域添绿的快乐。

4.4.2　交通流线规划设计

在本项目的改造设计中，根据新用途的要求以及原有道路的实际情况，对原有道路系统及停车系统的重新设计是一项必要的前提内容。一个好的交通流线设计能给外部公共空间划分及使用带来极大的便利。设计应该以减少干扰、方便快捷为基本原则，一方面要适当地设置步行道路体系，包括室外人行步道、游园步道、步行街，另一方面应该设置位置合理、数量充足规格多样的停车位，这样不但可以缓解停车难的状况，而且可以使项目的设施条件更具吸引力与价值，交通流线设计要以人为中心[49]。此外，还应注意尽量保存原有的主要道路系统框架，如此处理，既有助于唤起人们对该地段往昔"历史意象"的回忆，又能对原有基础设施充分利用，节约空间、节省投资。

此外，在本项目的道路视觉尺度的设计、道路系统与停车设施的组织都充分地考虑到以人为中心，而不以车为中心的交通组织原则。在交通量不大的情况下建立了人车共用的道路而不强调单一的设立专用车道。在本次外部空间景道路交通的组织除了满足新的使用功能要求之外，还注意到：

（1）尽量保存原有的主要道路系统框架，尽量避免随着拓宽道路、扩大广场破坏场地原有的空间尺度感。

（2）在重要保留建筑和车行道之间设置了较宽的人行路面或绿化带作为过渡空间。

（3）车行道的设计中对通行车辆、通行方式及车速进行必要的控制[50]。

本项目道路设计中在一般情况下禁止车辆进入核心区域内，从而保障整个园区内人流活动的完整性与安全性。此外，通过设置数个相对集中的停车点满足机动车的通达性。

在本项目具体交通设计上，因本项目需要进行全面景观改造设计区域面积不大，入口的选择尽量保障项目功能需求以及避免影响现有景观空间的完整性出发。因此在本项目中设置两个主要的出入口，分别位于南侧弄弄坪西路和东侧格萨拉大道旁。南侧入口利用原有自东向西顺势而下的厂区道路，在进入主要区域前先通过一段斜坡空间，再将游人引入主要台地区；东侧入口为原有厂区内办公区域入口改造而成，延伸至格萨拉大道旁，并在东入口傍设置一定数量的停车位，从而满足项目实际需求。在道路系统的具体组织上，设置了三级道路系统，即车型主干道、人行主干道、游园步道等。具体道路规划如图4-14、图4-15。

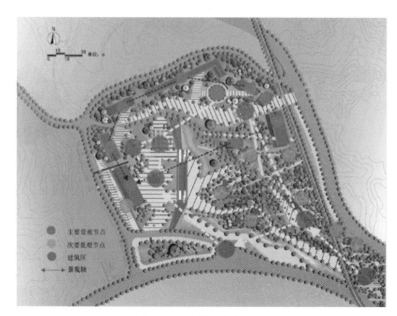

图 4-14　景观视线分析图

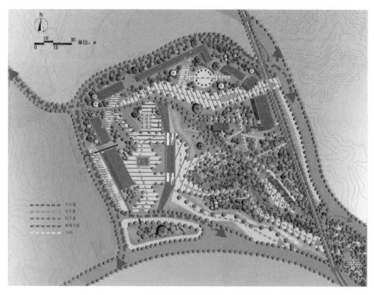

图 4-15　交通流线分析图

1. 人行道

将人行道设置成为硬质铺装与草皮间隔的道路，不仅美化了环境，增加了绿量，同时也给人们提供了活动场所，并使道路成为区域间的集合地点。在攀枝花长时间的炎热干燥气候下，同等情况下，绿草如茵路面上的空气比柏油路上的空气气温低 10 ~ 14 ℃。

所以，在人形路面上栽种绿草，使之成为绿茵小道，在它上面铺砌一些石板，形成供汽车通过的路面。在绿色入行道和平地之间不形成明显的区分，使它们成为统一的整体，在建筑物通往广场的位置，多铺砌一些石块和卵石，更能便于行人的通行。

2. 车行道

为了让行人的行走更富有安全感和人情味，将行人与汽车分开而各行其道一这是常规的道路规划方法。可实际上大量城市生活活动恰恰发生在这两种系统的交汇点上，这种常规的规划方式未考虑到汽车和行人之间交错需要，因此，有必要寻找出一种人行道路与车行道路合理的分布方案。将两种道路分开，但在人流集中位置适当相交。汽车和行人的这种分离只在交通密度中等或中上等的区域才适用。在低密度交通的位置（本项目内部属于此情况），人行和车行在此可以合二为一。甚至在大部分有车行道的区域不再辟人行道。

此外，考虑到本项目所处位置缺乏绿化，所以在车行道中间也设置相应的菜地绿化，从而强化绿化面积而弱化硬质道路的生硬感，使车行道具有较好的绿化景观效果（见图 4-16）。

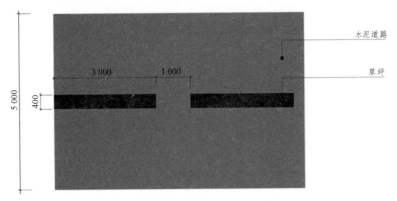

图 4-16　车行道平面设计示意图

3. 人行步道

　　人行步道主要是为让人停留、驻足游览的，而不只是供人匆匆而过。人行步道是重要的基础设施，有人需要步道所提供的方便顺利的完成各种游览活动。一个布局合理、建设良好，符合审美的人行步道会提升项目的文化品位，为有人提供温馨舒适的游览环境。人行步道的设计需要遵循引导功能、安全功能和文化功能三个方面的基本原则。根据本项目的功能与实际情况人行步道主要设置宽度在 0.9～1.5 m 范围内，从而满足项目的实际需要。在人行步道的材质上主要采用拉槽处理毛面石板、塑木板。在道路中间预留部分种草空位强化人行步道的景观效果，使人行步道避免生硬与枯燥的感觉，使其更生动（见图 4-17）。

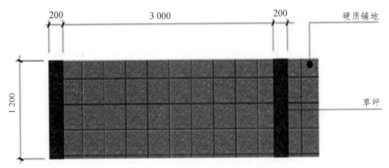

图 4-17　人行步道平面设计示意图

4.4.3 植被规划设计

植物规划设计在整个景观规划设计当中处于极其重要的地位，是整个景观设计的核心内容之一。攀枝花属于干热河谷气候燥热干旱，特别是在春季和初夏的植物生长季节，水热矛盾尤为突出，是我国长江中上游地区植被恢复的重点和难点地区。因此在本项目的植被规划设计中应遵循以下几个原则：

1. 乡土植物、地带性植物优先原则

乡土植物又称本土植物，广义的乡土植物可理解为经过长期的自然选择及物种演替后，对某一特定地区有高度生态适应性的自然植物区系成分的总称。乡土植物、地带性植物是长期在当地自然生态系统中自然选择的结果，对其自然环境具有较强的适应性。研究区域内裸露空地边坡、建筑边沿、立体交叉体系等在景观恢复过程中，优先选用乡土植物和地带性植物，以促使研究区域生态系统尽量避免外来物种的入侵和危害，为建立本土化的生态系统奠定基础。

同时，乡土植物，尤其是乡土乔木还具有丰富的林相和季相变化，可以形成不同的特色景观。因此，乡土植物成为本项目首选的植物，此举既有利于保护本地的生物多样性，又能减少后期的养护管理工作。

树种选择在生态系统建设中具有十分重要的意义，违背适地适树原则，过分强调树种的视觉效果，过多地采用外来树种等，会给生态系统建设的健康发展造成隐患。景观设计中大量采用当地乡土树种，与部分新型优质树种相结合，在保证生态性基础上，在景观上有所突破。适宜于攀枝花干热河谷的植被种应具备以下特性：

（1）耐旱耐热耐瘠薄、抗逆性强、适生性广。在攀枝花可以应用的耐旱植物是指适应干旱、半干旱环境的野生观赏植物或其杂交种，

能够正常生长发育，具有良好的观赏价值。耐旱植物具有较强的抗逆性，耐干旱、耐盐碱、耐贫瘠、抗病虫性强。耐旱植物的应用，不仅能节约大量水分，而且还可以减少养护成本。像番石榴、三角梅、臭椿、黄槐、连翘等，这些植物都比较耐旱且根系发达，能够经受住攀枝花长时间高温干旱的天气，不仅节水，而且养护方便。

（2）速生快长、萌芽力强、覆盖或郁闭性快，能在短期内起到水土保持的作用。本项目的基地中，裸露的场地面积较大且人为维护成本较高，需要在短时间内营造出较为良好的绿化景观效果，就必须选取生长速度快、萌芽力强覆盖或郁闭性快的植被为主。

（3）自我繁殖和更新能力强。

2. 物种多样性原则

在研究区域内景观生态恢复过程中，对物种进行选择时，需充分考虑物种多样性原则。对于局部区域植物群落的组合，根据攀枝花气候特点、各种环境因子和边坡防护及其工业废弃地更新的需求，使乔木、灌木与地被植物的根系在土壤中形成网状，从而达到营造与恢复区域植被、控制沙尘和改善生态环境、美化景观等多重目的。要充分利用不同植物的生物学特性，考虑季节与层次的变化，达到防护、观赏双重目的。要注重植物种类和类型的多样性，以便群落的稳定和季节变更的交替，特别是那些具有共生特性的植物类群。在绿化树种的选择上注重慢生性树种与速生树种相结合。这样使景观既可在近期内达到一定规模，又能随着时间的延续逐渐形成自身的植物景观特色与历史文化积淀。同时本着适地适树原则，以抗旱、耐贫瘠的乡土树种为主，避免退化和外来物种侵害，维护当地的生态平衡和可持续发展。

3. 突出地方特色的原则

景观植物是景观构成中最重要的有生命的构成要素，在工业景观构成中发挥着其他要素无法替代的作用，是整理、调和景观风格最好的软质材料。合理的植物配置能更好地体现四季更替、文化内涵、地域特征，选择具有明显地方特色的攀枝花树等亚热带植物及花果植物进行景观营造，凸显地方特色。

4. 生态设计原则

以生态学及植物学原理为基础，模拟自然生境，创造符合自然规律、富有特色的工业植物景观。选择绿化树种充分考虑其生态系统条件特点，遵循自然规律、自然属性，充分利用各类植物打造生态、自然的植物景观。

5. 经济性原则

在多种树种的选择条件下，尽可能减少施工与养护成本，选择来源广、繁殖比较容易、苗木成本低、成活率高、养护费用较低的树种或品种。此外，还可以适当的选择部分有一定的利用价值和经济效益的植被。

6. 艺术性原则

选择树种应当具备栽培目的所要求的形状，具备应有的观赏特性，同时注意种植时树种的叶色、叶形、常绿、落叶等搭配合理，并注重艺术造型。根据攀枝花市的气候特点，地区植物群落是以常绿阔叶为主，落叶阔叶混交林为辅。设计中大量运用的植物种植群落应具以下层次结构：上层大乔木，以落叶阔叶树为主（最好达到60%以上），形成上层界面空间，以保证夏季的浓荫和冬季充足的阳光；中层乔灌木，以常绿阔叶树为主，同时结合观花、叶、果、杆及芳香物种（如玉兰、红花羊蹄甲、番石榴等），形成主要植物景观感受界面空间；下层地被，以耐荫的低矮灌木、藤本及草坪（如三角梅、栀子花、常春藤等）为主。

创造丰富的植物空间围合形态，应注重人在不同空间场所中的心理体验与感受的变化，从林外、密林小径，林中空地、林草地到缓坡草坪，形成密、明暗、动静的对比，并充分利用自然力在富有生命的自然中创造出具有生命活力的多元化感悟空间[51]。

4.4.4 竖向设计的处理

建设场地是不可能全都处在设想的地势地段。建设用地的自然地形往往不能满足建、构筑物对场地布置的要求，在场地设计过程中必须进行场地的竖向设计，将场地地形进行竖直方向的调整，充分利用和合理改造自然地形，合理选择设计标高，使之满足建设项目的使用功能要求，成为适宜建设的建筑场地[52]。

本项目的竖向设计要服从总体规划的要求，根据景观用地性质，在满足各区基本功能的前提下，尽量减少土方量，利用现有场地的标高，来进行竖向设计。东区利用现有坡地的标高，设计成不同层次的景观空间，西区广场区分不同标高的场地来形成不同的景观效果，适当在铸钢文化广场区域填平标高，形成较开阔的中心节点景观，其余景观地块根据实际情况作微地形，以解决地表排水问题，排水方向尽量使其排入就近水体。最大限度的利用地表排水形成相应的蓄水池，在原有主厂房相关位置设置相应的雨水收集装置，局部进行道路排水，

将园区雨水化整为零的进行收集处理 ，最后就近排入蓄水池与水道中
（见图 4-18）。

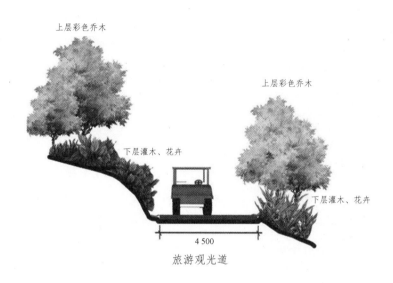

上层彩色乔木

上层彩色乔木

下层灌木、花卉

下层灌木、花卉

4 500

旅游观光道

上层彩色乔木

下层灌木、花卉

1 200-2 500

景观散步道

图 4-18　剖面设计图

4.4.5 公共设施规划设计

（1）地域特色性

在本园区的公共设施规划设计上，适当地体现地域元素，也是本项目公共环境设施系统中的基础元素，系统关联性特征明显，直接联系着本项目内的气候、资源等元素，也影响着本地的风土人情和人们的生活习惯，体现出了攀枝花作为四川特色城市的独特魅力和地域优势。

从地域特色角度分析，园区内的公共环境设施系统设计方向应根据其特点注意：从攀枝花人的认知习惯上出发，以粗犷、结实、简洁的风格为设计主干方向。在设计理念上，根据地域条件提取与攀枝花周边环境相关的自然、历史、民俗、宗教等元素融入设施设计，表达出园区浓厚的地域文化内涵。同时，提取阳光资源及亚热带的气候元素，展现工业城市优势。在设计制造过程中，应注意本地域气候的影响，选择防晒防氧化的材料。

此外，攀枝花是著名的钢铁城市，金属材料丰富，但是木材等自然材料相对较少，因此尽量的在公共设施设计材料选取上采用金属材料。

（2）功能性

作为一个综合性的园区，公共设施方面更重要的一个功能是方便人们进行各种休闲休息活动。比如，在园区中进行长时间的步行，就需要足够的休息设施。在休息的同时还会交谈与思考，欣赏周围景致。这些休息设施为游览中的人们提供了以上各种条件，完善的休息设施能够使人们在园区步行中停留更长的时间，从而在一定程度上提升了本园区的人气和经济效益。因此，公共设施的是本园区设计建设过程中的重要因素。

（3）节能性

园区位于攀枝花西区，每年风季长且阳光充足，在相关公共设施能源上适合采用太阳能、风能等供电方式，节约能源。攀枝花气候极为干燥，在材料的选择上则采用防腐蚀能力及耐候性较强的材料，降低损害程度，延长使用寿命，达到节约资源的目的。同时，园区的公共环境设施的形态设计上抽象提取钢铁文化资源元素并加入特色资源保护标识，提醒人们保护资源，低碳生活。

4.5　具体景观空间营造设计

在整个项目设计中前面一共分了 5 个区域，在具体景观设计上设置了 30 个相关景观节点设计，重要景观节点的具体设计如下所述。

4.5.1　入口雕塑区

设置入口景观雕塑的主入口道路与城市主道路（弄弄坪西路）相连接，该道路呈现西低东高的斜坡状态，坡度达到 25°。通过使道路，尤其是主要道路的轴线与园区最重要的景观雕塑作品相联系，主要是为了从较远视距获得对面的景观效果。主入口道路除了解决人流，车流的交通聚散问题外，同时又发挥了导向作用与视觉形象识别作用，按最佳视觉效果来引导观众[53]。

此雕塑位于园区主入口处的绿地内，作为本园区最重要的形象景观小品，取名为"展望"。寓意该园区在更新后既然保留现有的历史遗迹的同时又具有良好的发展之意（见图4-19）。

主题雕塑——"展望"

采用厂区内废旧的钢板，在表面重新处理。
主题雕塑元素是采用手的形状变形而来的，雕塑
高高的耸立在厂区的主入口处，象征这厂区未来
美好宏大。

雕塑下面铺装设置四块钢板，镌刻厂区，代表从
建立、形成、停产和转型四个重要的历史事件，
向人们诉说厂区的发展历史。

图 4-19 入口雕塑"展望"效果图（设计绘制：苏贵景）

整个雕塑采用场地内原有遗留的生产设施、生产产品作为主要的设计元素、材料改造而成。既保持了与铸钢厂原有整体风格的统一，又有效的降低了雕塑的设计制作成本。雕塑总体高度为 6 m，雕塑基座占地面积约为 4 m² 左右，并在其上雕刻铸钢厂成立时间的信息，增强雕塑的历史感。雕塑主要采用焊接加铆钉的结合方式，总体色彩为中国红，局部材质自然生锈成铁锈色，反喷透明固色清漆，基座部分为生锈钢板与铆钉。底部四块钢板之间留出 10 cm 宽的缝隙并在其中种植草皮，使整个雕塑在工业气息的总体风格之下具有一丝绿意，弱化钢铁的生硬感，使雕塑更具有生命与活力。此外在入口雕塑的右侧运用废旧钢板制作一个简练的园区功能分区示意图，为人们进入园区时提供有效的指引作用。

4.5.2 铸钢文化广场

铸钢广场位于厂区的主厂房附近，为原主厂房东面空地，总面积约为 11 200 m²。该广场主要以铸钢厂文化以及铸钢技术展示为设计主题，铸钢文化广场主要由过渡广场、中心广场、下沉休闲广场、花灌大梯道、观光廊道等 5 个子节点组成。

1. 过渡广场

本广场位于入口雕塑区与中心广场之间，呈扇形，硬质景观呈折线状，总面积约为 630 m² 左右。在本项目设计中，主要作为一个过渡性的空间景观，主要功能在于连接入口雕塑区与铸钢文化广场。

2. 中心广场

中心广场位于原铸钢厂主厂房东侧（铸钢文化广场中心），也是铸钢文化广场的核心区域。广场中央设计一不锈钢雕塑"遗存与重生"，其文化内涵为"废弃的场所得以重生，曾经的工业遗迹打开了我们记忆的匣子，使我们回忆起那个时代。环境，是人类赖以生存的基本条件和社会发展的物资基础"。时刻提醒人们工业废弃地环境景观建设是城市建设的中心工作，用其特有的场所精神警醒世人，达到生态教育的目的。

在铸钢文化广场的 5 个子节点结合地面铺装和座凳设置了众多的由小叶榕、假槟榔、蒲葵等树种的树阵，树木景观效果好。为城市市民提供了遮阳、赏景、庇护的场所。在人流较大的区域，种植高大分枝点较高树形整体的香樟树。而在以少量人群为主的空间中，则种植分枝点较低的桂花林、桃花林、梨花林等，使空间感受亲切宜人。这种树木栽植配置的变化体现了人性化的一面[54]。

在广场的不同地方都设置有一定数量的条石座凳或者树池座凳，为人们提供休息的同时实现对不同方位观景的需要，为了避免人们在下雨天行走地面打滑的情况，广场所有地面材质均采用毛面火烧板、凿毛石材或机刨石铺装为主；同时广场的设计具有广泛性强的特点，它不是针对某一人群而设计的，而是针对城市总体人群的需求去考虑设计，充分考虑到多种人群的功能要求。所以，在广场上设置不同年龄的人适合自己的去处。这种具有普适性的设计为广场的功能提供了多种可能性，使广场的活动内容更加丰富多彩，同时也为广大市民提供了极大的方便性。

人在公共场所中都普遍存在或多或少的窥视心理，即希望在隐蔽的角落里静静地观察广场中的事物。在广场设计中提供了观望性和庇护性的设计，从而使看和被看成为广场中的普遍状态，也是一种良好的景观，其间充满了联想和期盼。林荫处、草地旁、隐秘处等都能为人们提供观看的空间。在中心广场上设置的动态喷泉也能吸引了众人的参与，无意间人和喷泉都成为广场中的道具，而广场中赏景的人们也无意就成为被观赏的对象。

3. 下沉休闲广场

下沉式休闲活动广场位丁铸钢文化广场的北侧，根据现有塌陷坑地形，将广场设计为三面环形台阶状下沉式。在本区域由于缺乏有规模的地上遗迹，将铸钢厂现场原有的小元素加以艺术化处理，以局部镂空的景观墙的形式展现，将消逝的文明和历史加以传播，并引发人的联想。广场中间采用 8 个圆形树池并种植上 8 棵假槟榔作为主要景观小品又成为休息座椅。将下沉区边界和地上活动区域用绿化带和栏杆分开，明确下沉广场的范围，把下沉休闲广场与中心广场进行适当的区分，使铸钢文化广场具有多种空间层次关系，丰富了景观形式。

4. 花灌大梯道

由于铸钢文化广场与原有小溪之间有 2.7~4.5 m 不等的高差，所以在铸钢文化广场与东面区域的设计上必须考虑大落差空间的处理。采取大面积的台阶与花卉灌木结合的处理方式，从而使铸钢文化广场与其过渡才显得通畅与统一。

花灌大梯道作为贯通铸钢文化广场与东面生态休闲公园核心区的主要通道在该项工程中占有重要的地位，成为展开整个规划设计方案的重点与核心。为了突出大台阶的中心位置，它的位置被选择在铸钢文化广场、滨水广场两个广场主轴线的交汇处，更好地体现了承上启下的纽带作用。花灌大梯道成双层折现的错级式台阶，造型灵动，富有张力，金属扶手与碎石、卵石装饰的大台阶融为一体，大方中显露着坚实与细腻，大尺度、大面积的设置具有一定的气势，既符合地势地貌的环境特点，又具辅导功能和效果，与滨水广场中心区共同形成了十分理想的开展文化、文娱活动的场所。层错级式台阶计使大台阶有了一些巧妙的节奏变化与空间感（见图4-20、图 4-21）。

图 4-20　台阶设计示意参考图一

图 4-21　台阶设计示意参考图二

此外，由于本广场处于车行道与活动区过渡位置，过渡性的功能相对较为丰富。所以在广场入口区域布置花坛，周围设计座椅供行人休息，广场入口处摆放大理石球禁止机动车辆入内使人车分离，既保护了广场区地面铺装不被车辆破坏，又保证了园区内游人安全[55]。

5. 观光廊道

由于此处位于整个研究区域的中心位置，而且也是整个厂区视线相对最为开阔的位置，所以在此位置设置相关的观光廊架。观光廊道主要由主体厂房东侧的两架龙门吊改造而成。将原有的两架龙门吊适当地高度进行适当地降低并放置在一起，将部分已经锈蚀断裂的结构进行拆除，将重要的结构加以清洗保留并进行适当的处理，添加相关的栏杆对廊道地面进行防滑处理等安全设施。此外，为了使观光廊道避免在炎热的天气中暴晒以及降低温度从而达到舒适的需要，在廊道的两侧设置相应的种植空间，种植爬山虎、鞭炮花、油麻藤等常绿的攀援植物并将其藤蔓延生至廊道两侧及顶部，从而达到廊道整体绿化的效果，使其成为绿廊[56, 57]（见图 4-22）。

图 4-22　观光廊道效果图

4.5.3 滨水广场

滨水城市广场是人们进行交往、观赏、娱乐、休憩等活动的重要场所，其设计的目的与意义也是使人们更方便、舒适地进行多样性特别是亲水性的活动[58]。同时滨水广场的设计不仅要追求外在的视觉效果，更重要的是充分考虑人的实际需求，做到既美观又实用，滨水广场景观的品质不仅要从人的立场来衡量它的可适度，而且更要考虑人与大自然的协调与平衡性。

本项目中的滨水广场位于铸钢文化广场东侧，呈南北轴向长条状布局，主要依据原有谷地中间的小溪走向设置（见图 4-23）。整个滨水广场区面积约为 9 680 m²。为生态公园区的核心位置，滨水广场主要由滨水休憩台地和缓坡草坪两大部分构成，主要又分为齿轮雕塑区、景观桥、滨水跌水墙、亲水平台等 4 个子节点景观。

图 4-23　滨水广场局部效果图（设计绘制：朱静）

水是有生命的，它的延绵、包容、交融和通达为设计提供了丰富的背景资料和设计元素。虽然本项目中的水面积与规模实在是很小，仅仅是一条宽度不足 2 m 的小溪（由于污染已经成为污水沟）。

滨水广场作为整个园区开放空间体系中的一部分，它与园区整体的空间形态与生态环境联系密切。首先，其规划的绿地、植被应与本地特定的生态条件和景观生态特点相一致，改善园区小气候；其次，滨水广场设计充分考虑到本身的生态合理性，如阳光、植物、风向、水体以及地形因素，趋利避害；再次，滨水广场要有足够的硬质铺装供人活动，但也要减少硬质非渗漏铺装材料的使用，同时保证不少于广场面积 35% 比例的生态绿化地，为人们遮挡烈日，丰富景观层次与色彩。

在滨水广场中适当地设置一定数量的木质栈道和平台能为景观环境添色不少。木质的栈道平台从生态性设计上来讲更有其重要的意义。木质替代硬质铺装的地面，或者作为伸展的亲水平台，在材质上能更加贴近自然，融入环境，并给人亲切感[59]。在此广场区域内还专门设置供市民健身的利于足底按摩的卵石小路，同时在小路图案的设计中，可以充分结合本地人文特色[60]。

4.5.4　水格广场

铁轨是工业文化的标志性符号。在本区域再利用厂区遗留下来的铁轨，将铁轨附近运用砾石和地被植物进行适当的改造，使铁道不再像以前那样的生硬和缺乏美感[19]。同时，尝试将原来的运料车进行适当的改造成为可乘坐的"观光车"。通过这种特殊的交通工具载着游人沿着铁轨游览园区的时候，希望能给人们留下有意义而深刻的印象[20]。

在本广场的设计景观的主要设计上，将铁轨作为本区域的核心以及轴线，所有的景观围绕这一重要的元素进行景观的营造[61]。在铁轨中间的空隙种植低矮的地被植物并采用散放鹅卵石作为表面的处理。在铁轨的周围设置一系列大小不一、高低错落的小水池，水池之间相互叠加，形成丰富的层次关系。在水池中主要种植植被，如荷花、睡莲、菖蒲等滨水或挺水植被，并根据高差适当地设置少量的景墙喷泉、涌泉以及跌水，从而使广场具有更加生动的景观效果以及供人们参与的相关景观小品[62]（见图 4-24）。

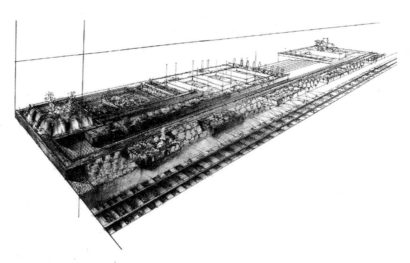

图 4-24 铁路水格广场鸟瞰效果图（绘制：王越）

5 结 论

通过相关资料收集、整理、分析，坚持生态性、地方性、特色性为主的工业废弃地景观设计原则和理念，结合攀枝花弄弄坪铸钢厂设计项目，以本项目设计区域为研究对象，对其景观设计（包括研究背景、构思体系、总体布局、植物配置、道路景观设计以及景观小品设施设计等）进行了研究。经对本项目研究范围内的相关景观设计研究和试验，得到以下的结论和建议：

（1）本书在查阅西方先进的城市工业废弃地更新的发展理论基础上，分析了一系列优秀的城市工业废弃地景观的更新改造的方法，通过对比分析提出国内现阶段工业景观设计中存在的问题、差距以及我国城市工业废弃地更新的紧迫性。为本书后半部分的实例研究指明方向。

（2）经过文献资料的研究得出了形成工业废弃地景观的构成要素、废弃地生态化处理的理论及实施方法、综合生态园区的建设理论及实施方法、亲绿活动行为分析结果、工业景观植物的配置方法，从人的心理需求及城市发展需要方面得出工业废弃地景观将会向生态化、人性化、立体化的发展趋势。

（3）本书对研究对象的自然条件特征和生物景观特征进行详细深入的分析，同时调研了周边环境区域的优劣势，根据攀枝花所处的独特的干热河谷生态环境、自然植被以及攀枝花重工业发展所带来的严重环境污染和城市文化功能不健全，提出更新设计的必要性和有效性。攀枝花不仅可以将大量的工业废弃地的退化生态系统进行一定程度的恢复，达到改善城市生态环境的作用，而且采用工业综合园区这一特殊形式，可以丰富城市公园的景观类型，再现历史的辉煌和沧桑，同时又可增加城市综合产业发展活力。

（4）把生态、工业景观、自然景观、景观立体化以及地方历史文化的理念和理论引入城市工业废弃地景观的开发研究层面。针对将工业废弃地营造成综合园区景观，最终形成一个整体的研究系统。具体根据周边人群关系及现状的基本情况得出五区域、多节点的综合性景观结构，将铸钢厂的总体布局分为创意办公区、休闲公园区、商业服务区、停车服务区和抗污种植示范区五大区域，并且根据周边使用人群的不同，设计出一系列景观节点，包括入口雕塑区、铸钢文化广场、滨水广场、水格广场等四大主题景观区，继而形成了一种适用于工业废弃地改造的多种功能、多种形式综合统一的实践方法。

（5）根据城市工业废弃地相关研究理论应用及整个设计方案的完成情况，总结出工业废弃地景观设计应以原有自然生态环境为底色，结合周围生态环境和城市文化，同时要反映地方特色，体现地域文化，营造良好的视觉形象、生态效应和社会效应，从而达到人与自然、城市和谐发展，使其成为城市文化符号、城市记忆的重要载体。为资源型城市工业废弃地景观更新改造设计提供了参考和借鉴的价值。

参考文献

[1] 章超. 城市工业废弃地的景观更新研究[D]. 南京：南京林业大学，2008.

[2] 黄滢. 城市工业废弃地景观的更新研究[D]. 南京：南京林业大学，2006.

[3] 郝清. 欧美国家棕地开发策略研究[J]. 山西建筑，2010（12）：11-18.

[4] 王向荣,任京燕. 工业矿区废弃地的景观更新[J]. 中国园林,2013（2）：11-18.

[5] 章超,李赓,张燕青等. 城市工业废弃地景观更新发展浅析[J]. 台湾农业探索，2010（5）：52-56.

[6] 张倩华，何坤志. 城市工业废弃地污染问题探讨[J]. 中山大学学报论丛，2007，27（8）：268-270.

[7] 仇同文. 从工业废弃地到游憩场所的景观改造与更新[J]. 环境保护，2009（8）：44-46.

[8] 梁芳. 我国后工业公园设计探讨[D]. 哈尔滨：东北林业大学，2007.

[9] 刘抚英. 中国矿业城市工业废弃地协同再生对策研究[M]. 南京：东南大学出版社，2009.

[10] 许东风. 重庆工业遗产保护利用与城市振兴[D]. 重庆：重庆大学，2012.

[11] 齐丰妍. 城市废弃工业建筑内部空间改造设计的研究与应用[D]. 哈尔滨：东北林业大学，2010.

[12] 陈志翔. 修旧为创新，整合求转型——杜伊斯堡内港公园改造[J]. 《现代城市研究》，2006（3）：80-87.

[13] 黄步瓯. 成都东郊工业区旧工业建筑改造性再利用模式浅析[D]. 成都：西南交通大学，2006.

[14] 冯宇. 工业矿区废弃地的景观更新[J]. 福建建筑，2011（2）：29-31.

[15] 蒋保汝. 城市工业废弃地景观再造与文化艺术价值重建[D]. 南京：东南大学，2009.

[16] 朱艳. 城市废弃地生态恢复与景观重建途径研究[D]. 天津：南开大学，2009.

[17] 韩旭. 工业废弃地向后工业公园转变的景观设计研究——以阜新市孙家湾后工业公园为例[D]. 南昌：江西农业大学，2011.

[18] 王建国. 后工业时代中国产业类历史建筑遗产保护性再利用[J]. 建筑学报，2006（8）：8-11.

[19] 杨宇. 我国老工业区住区更新模式研究[D]. 长沙：中南大学，2009.

[20] 张彪. "后工业"背景下工业遗存的复兴研究[D]. 长沙：湖南大学，2008.

[21] 郝倩. 风景园林规划设计中的工业遗产地的保护和再利用[D]. 北京：北京林业大学，2008.

[22] 金纹青. 西方现代景观设计理论研究[D]. 天津：天津大学，2005.

[23] 钱静. 技术美学的嬗变与工业之后的景观再生[J]. 规划师，2003（12）：36-39..

[24] 钱静. 工业之后的景观再生[D]. 南京：东南大学，2003.

[25] 李浩. 老工业基地改造过程中国有破产企业土地处置问题研究——以重庆为例[D]. 重庆：重庆大学，2005.

[26] 贺旺. 后工业景观浅析[D]. 北京：清华大学，2004.

[27] 张善峰，张俊玲. 城市的记忆--工业废弃地更新、改造浅析[J]. 环境科学与管理，2005（4）：56-59.

[28] 孙丽. 工业废弃地的景观整治方法研究[D]. 北京：北京林业大学，2007.

[29] 李伟涛. 矿业废弃地景观更新理论研究[D]. 哈尔滨：东北林业大学，2007.

[30] 王秀明. 工业废弃地的景观改造与再利用研究[D]. 北京：北京林业大学，2010.

[31] 薛建锋. 生态设计在后工业景观中的应用[D]. 西安：西安建筑科技大学，2006.

[32] 杨洁. 从褐色工业到绿色文明——宜宾上江北造纸厂工业废弃地景观再生设计[D]. 2007.

[33] 王宇靖. 谁在为他们设计？——经济适用房地域开发中适度设计方法的研究[D]. 上海：华东理工大学，2008.

[34] 李建斌. 沈阳市工业景观更新与设计研究——与德国城市工业景观更新与设计的研究比较[D]. 沈阳：沈阳建筑大学，2005.

[35] 孟涛. 城市滨水地区景观设计初探——以青岛市滨海景观建设为例[D]. 青岛：青岛理工大学，2006.

[36] 乔姝函. 现代景观设计中的极简主义风格研究[D]. 济南：山东大学，2010.

[37] 娄茜. 道家和谐思想在景观设计中的应用与研究[D]. 合肥：合肥工业大学，2010.

[38] 高敏. 南京市典型公共绿地中硬质地面铺装材料的应用调查及分析[D]. 南京：南京农业大学，2011.

[39] 何海荣. 基于中国历史文脉的城市创意产业园改造之探索[D]. 上海：华东理工大学，2010.

[40] 刘波. 工业园区景观规划设计研究——以库车工业园区景观规划设计为例[D]. 上海：同济大学，2006.

[41] 吴健. 城市记忆的延续：长沙火车南站工业遗址景观设计研究[D]. 长沙：中南林业科技大学，2009.

[42] 张毅. 与城市发展共融——重庆工业遗产保护与利用探索[D]. 重庆：重庆大学，2009.

[43] 张景. 重庆工业景观保护与利用[J]. 安徽农业科学，2010，38（13）：128-129.

[44] 刘杨. 后工业景观中的创意产业园公共空间设计研究——以上海为例 [D]. 重庆：重庆大学，2010.

[45] 陈炎炎. 杭州市工业遗存景观更新研究[D]. 杭州：浙江大学，2010.

[46] 于小飞.Loft 建筑现象研究[D]. 北京：北京服装学院，2009.

[47] 刘妮娜. 文化创意产业促进工业遗产地段保护性再利用规划研究[D]. 北京：北京工业，2008.

[48] 赵永浩. 从历史街区公共空间改造到历史街区活力复兴[D]. 天津：天津大学，2006.

[49] 周之静. 以产业类历史建筑及地段为载体的创意产业园景观更新研究[D]. 南京：南京农业大学，2009.

[50] 王倩. 工业废弃地建筑及景观再利用设计研究——改造为创意产业园的设计探索究[D]. 济南：山东轻工业学院，2008.

[51] 郑树景，王婷. 河南杨磊镇渔业观光园规划设计[J]. 安徽农业科学，2010，38（13）：68-69.

[52] 林伯伟，熊辉，曲卫国等. 危险废物处理场总平面设计的探讨[J]. 环境卫生工程，2011，19（2）：48-50.

[53] 裴磊. 景观雕塑设计及其研究[D]. 武汉：武汉理工大学，2007.

[54] 冯惠珺. 矿难纪念性空间研究[D]. 武汉：中国地质大学（武汉），2010.

[55] 王治瑜. 四川九曲花街景观设计规划[D]. 沈阳：沈阳理工大学，2011.

[56] 喻明红. 四川民居元素特征分析及其在风景园林中的运用[D]. 成都：四川大学，2007.

[57] 苗琦. 从"隐性"经济因素方面谈产业建筑再利用——"价值工程"方法的引入和分析 [D]. 大连：大连理工大学，2006.

[58] 陈佳婧. 成都北湖郊野公园景观规划设计研究[D]. 雅安：四川农业大学，2010.

[59] 陈亮，魏书威，郑世伟. 以人为本的滨水城市广场设计[J]. 福建建筑，2009（10）：8-10.

[60] 夏夏. 从废弃地走向现代城市景观——以安徽巢湖市滨河景观设计为例[D]. 南京：南京林业大学，2007.

[61] 段瑜. 川渝两地老厂景观评价与改造研究[D]. 重庆：西南大学，2008.

[62] 刘力. 旧工业建筑改造中"工业元素"的再利用[D]. 天津：天津大学，2007.

附　图

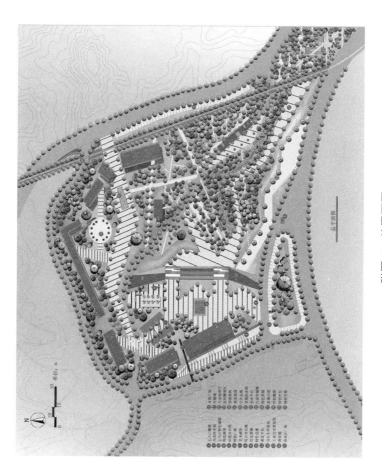

附图 1 总平面图

根据场地原有建筑和设施将整个区域划分为5个不同功能的区域，每个区域都体现不同的特色。

附图 2　功能分区图

88

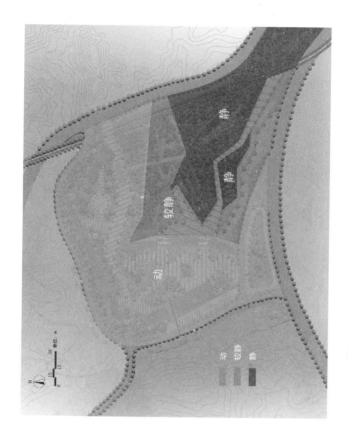

空间类型分析

附图 3　空间类型分析图

交通流线分析

厂区路网采用若干组用性道路组成，既不用中国传统园林的曲线型路网，又有别于西方园林规整的几何图形，反映出工业化进程的历史，又具有现代社会的特征。厂区内保留了原有的主要道路系统，有助于唤起人们对该地段往昔"历史意象"的回忆，又能对原有基础设施充分利用，节约空间、节省投资。

附图 4　交通流线分析图

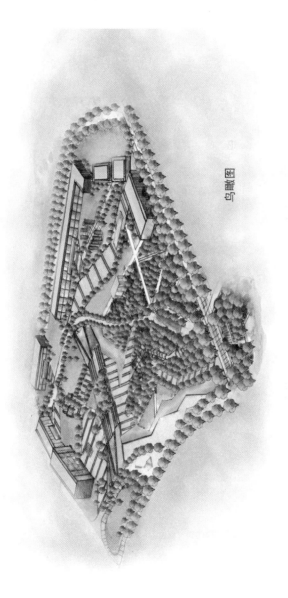

鸟瞰图

附图 5　设计示意鸟瞰图

保留厂房的主体结构，只是对建筑外立面进行装饰。

附图 6　主体厂房外立面改造效果图

主厂房通过内部的重建办公楼，构成办公空间，将每一层通过6.06 m和7.06 m的尺寸进行分隔，形成面积为42.78 m²的单元格，又以4个单元格为一个组合，通过钟表顺时针的选取方法，选择二层的休闲平台，又通过面积大小的不同，将这些办公空间分为4个等级，供各类公司选择。

布局分析

办公楼的首层被分为5个办公区间，可容纳5家办公单位，分别为C级办公空间和A级办公空间。（A级办公空间面积：256.68 m²；C级办公空间面积：171.12 m²）

办公楼的二层被分为5个办公区间，可容纳5家办公单位，分别为D级办公空间和B级办公空间。（B级办公空间面积：213.9 m²；D级办公空间面积：128.34 m²）

办公楼首层平面

办公楼二层平面

块体分析

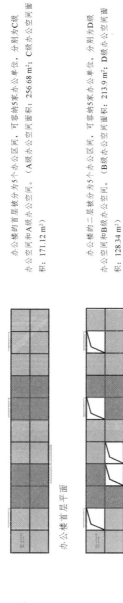

附图7　创意办公区内部结构示意图

附图 8　院落空间景观效果图

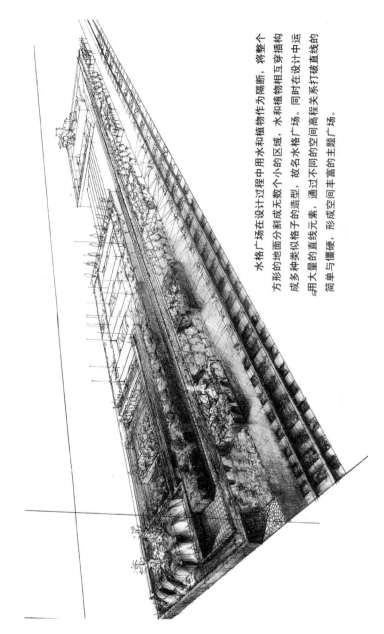

水格广场在设计过程中用水和植物作为隔断，将整个
方形的地面分割成无数个小的区域，水和植物相互穿插构
成多种类似格子的造型。故名水格广场。同时在设计中运
用大量的直线元素，通过不同的空间与高程关系打破直线的
简单与僵硬，形成空间丰富的主题广场。

附图 9　铁路水格广场鸟瞰效果图

附图 10　生态咖啡厅效果图

附图 11　滨水广场局部效果图

抗污种植示范区：地块内有一些经严重污染仍然生长良好的植被，对其充分保护利用，游人进入、让游人近距离感受工业自然的魅力。

附图 12　抗污种植示范区景观效果图

98

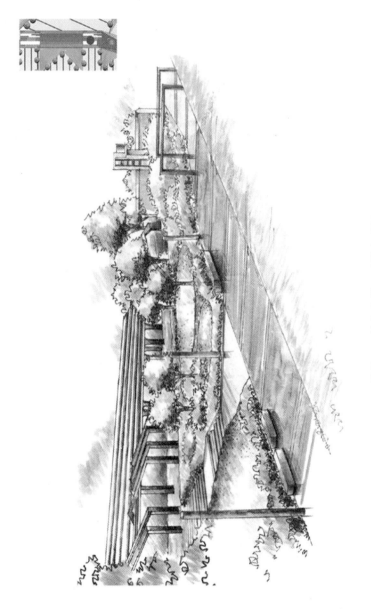

附图 13　特色化灌区手绘表现图

99

元素提取

利用废弃的机器零件——齿轮变形形成自然景观。

附图 14 齿轮雕塑小广场效果图

100

地面铺装采用厂区废弃的红砖铺就，体现出鲜明的工业生产印记。

生态穿越廊：在设计中忠于自然发展规律，通过植物的衬托，使其与环境完美结合，同时里面空间文化艺术气氛浓厚，大量的工业零件雕塑，让人们能与之对话。

附图 15　生态小长廊效果图